BRAIN,
THE MYSTERY OF THE HUMAN
UNDERSTANDING THE BRAIN THROUGH NEUROSCIENCE

신경과학으로 이해하는 뇌

뇌,
인간의
신비

BRAIN,

THE MYSTERY OF THE HUMAN

UNDERSTANDING THE BRAIN THROUGH NEUROSCIENCE

신경과학으로 이해하는 뇌

뇌, 인간의 신비

김희진 지음

자유아카데미

우리는 매 순간 생각하고, 느끼며, 기억한다. 기쁨, 슬픔, 사랑, 분노……. 이 모든 것은 눈에 보이지 않는 한 기관, 바로 뇌에서 비롯된다. 단지 1.4킬로그램 남짓한 작은 덩어리 속에서 약 천억 개의 신경세포가 서로 연결되어 복잡한 전기적 신호를 주고받으며, 우리가 '나'라고 느끼는 존재를 형성해 나간다. 인류의 역사에서 수많은 철학자와 과학자들이 '마음은 어디에서 오는가'라는 근원적인 물음에 답하기 위해 이 신비로운 기관을 탐구해 왔다.

뇌는 단순한 신체의 제어 장치를 넘어, 우리의 성격과 감정, 판단, 그리고 삶의 의미를 형성하는 중심이다. 신경세포 하나하나가 전기적 신호를 통해 정보를 전달하고, 시냅스에서 일어나는 미세한 화학 반응이 우리의 감정과 기억을 좌우한다. 생명의 초기 단계에서부터 뇌는 외부의 감각을 받아들이고 학습하며, 끊임없이 발달한다. 한 인간의 성장 과정 속에서 뇌는 환경과 경험에 따라 계속해서 재구성되며, 이러한 과정을 통해 우리는 배우고, 적응하며, 스스로를 변화시켜 나간다.

뇌를 연구하고 싶다는 마음이 처음 들었던 날, 나는 스스로에게 다시 물었다. "나는 왜 뇌가 궁금한가?" 뇌가 매력적인 이유는 바로 아직 밝혀지지 않은 부분이 너무나 많은 미지의 세계라는 점이다. 또한 수많은 세포가 모여 생각하고, 느끼며, 행동하게 만드는 그 복잡하고 정교한 조화가 놀랍게 느껴졌다. 그 정교한 시스템이 손상되었을 때 어떻게 기능이 무너지는지도 궁금했다. 이러한 호기심은 나를 뇌과학의 세계로 이끌었고, 지금도 그 신비를 탐구하는 원동력이 되고 있다.

이 책은 그 궁금함에서 출발했다. 인간의 두뇌가 어떻게 형성되고, 어떻게 작동하며, 어떻게 변화하는지를 함께 탐구하고자 한다. 신경세포의 구조와 기능, 뇌의 발생 과정, 시각·청각·촉각 등 감각의 통합, 학습과 기억의 신경기전, 그리고 뇌질환의 원인과 치료에 이르기까지, 인간의 정신과 행동을 이해하기 위한 여정을 담았다.

오늘날 뇌과학은 인공지능, 의학, 교육, 심리학 등 여러 분야와 연결되며 인간 이해의 지평을 넓히고 있다. 뇌를 이해한다는 것은 단순히 하나의 생물학적 기관을 연구하는 차원을 넘어, 인간 자신을 이해하는 일이다. 우리의 생각과 감정, 그리고 존재의 근원을 탐구하는 일은 인간이 가진 가장 커다란 도전이라 할 수 있다.

이 책이 나와 같은 궁금증을 가진 많은 사람들에게 뇌에 대한 질문을 풀어가는 작은 길잡이가 되기를 바란다. 그리고 그 속에서 인간이 얼마나 섬세하고 경이로운 존재인지를 새롭게 발견하는 기쁨을 얻기를 기대한다.

차례

1부

뇌, 인간을 움직이는 중심

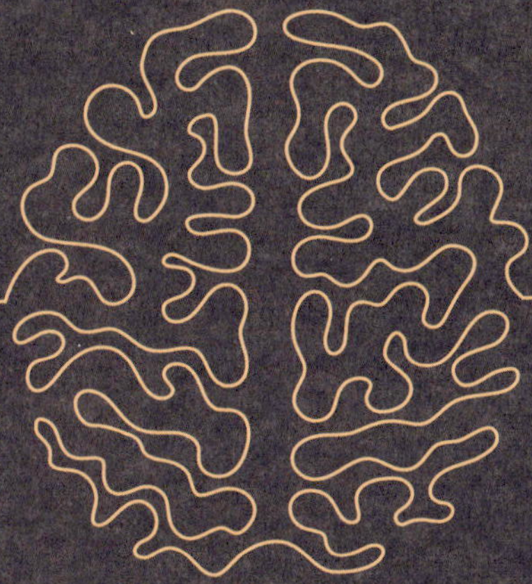

1장

뇌 연구의 역사

뇌에 대한 사람들의 관심은 언제부터 시작되었을까? 이 질문에 답을 하기 위해 역사를 거꾸로 올라가면 선사시대까지 다다른다. 10,000년 전 초기 인류가 뇌에 관하여 관심이 있었다고 한다면 믿을 사람이 얼마나 있을까? 하지만 실제 선사시대의 유물을 발굴하는 중 초기 인류의 두개골에 구멍을 낸 두개천공(trepanation)이 발견된다. 선사시대 사람들이 어떤 이유로 머리에 구멍을 뚫은 것인지 정확한 이유는 알 수 없지만, 후대 학자들은 두뇌를 괴롭히는 나쁜 정신을 빼내기 위한 치료의 일환이었을 것으로 추정하고 있다.

1. 고대 이집트 시대

아득한 선사시대 이후의 좀 더 친숙한 문명을 생각해 본다면 고대 이집트 문명이 있다. 실제로 이집트인들은 많은 과학적 지식을 습득하고 있었다. 피라미드, 스핑크스와 같은 멋진 건축물을 만들었던 이집트인들은 뇌에 대해서도 많은 것을 알고 있었다. 그리고 그 시작은 바로 미라이다. 미라를 만드는 과정에서 인체의 구석구석을 들여다보게 되었고, 이를 통해 뇌에 관한 지식도 습득하게 된다.

'에드윈 스미스 파피루스(The Edwin Smith Papyrus)'는 의학에 관한 세계 최초의 문헌으로, 기원전 3000년의 자료를 기원전 17세기에 작성한 것이다. 이 문헌에는 미라를 만드는 과정에서 인간을 해부하며 습득한 뇌에 관한 기록이 있는데, 뇌막(meninges), 뇌표면 주름, 뇌척수액(cerebro-spinal fluid, CSF) 및 여러 가지 뇌 손상과 치료법이 기술되어 있다.

고대 이집트인들이 뇌에 관한 지식을 습득하기는 했지만, 뇌의 중요성까지 인지하지는 못했다. 미라를 만드는 주요한 과정은 필수 장기를 카노프스의 단지(Canopic jars)에 보관하는 것이다. 몸에서 떼어내면 다시 살아날 수 없다고 믿었던 심장은 육신과 함께 미라로 만들었고, 사후세계에서 필요하다고 믿었던 위, 창자, 폐와 간을 카노프스 단지 안에 따로 보관하여 부패를 막았다. 그러나 당시에 뇌는 사후세계에 필요한 주요 장기라고 생각하지 않았기 때문에 코를 통해 기구를 넣어 뇌를 제거하고 미라를 만들었다. 이집트인의 바람과 같이 죽은 자가 다시 살아난다고 해도 깨어난 미라는 뇌가 없으므로 안타깝게도 자신이 왕인지, 하인인지조차 기억하지 못할 것이다.

2. 그리스 시대

1) 알크메온(Alcmaeon, 기원전 500년경)

고대 그리스의 소크라테스 이전의 의학 저술가, 철학자, 과학자로 활동한 사람으로 알크메온이 있다. 그는 기원전 5세기경 남이탈리아의 그리스 식민

지였던 크로톤 지역에 살았다. 당시에는 인체를 해부하는 것은 법으로 금지였기 때문에, 뇌에 대한 지식이 부족했다. 알크메온은 동물을 해부하며 인체에 관한 다양한 지식을 습득했다. 그는 동물 해부를 통해 시신경과 귀인두관(유스타키오관)을 발견했다. 특히 시신경이 뇌와 연결된 것을 확인하며, 뇌에는 감각 정보들의 위치가 정해져 있을 것으로 생각했다. 알크메온은 이러한 연구 결과를 통해 뇌는 감각과 기억을 담당하는 기관이라고 주장하였고, 그의 견해는 히포크라테스나 플라톤과 같은 이후의 학자들에게 영향을 미치게 된다.

2) 히포크라테스(Hippocrates, 기원전 460~379년)

히포크라테스는 "인생은 짧고 예술은 길다"라는 명언으로 널리 알려진 고대 그리스의 저명한 의사이자 사상가이다. 그는 인체의 여러 기관 중 뇌를 감각과 지식의 중심으로 보았다. 히포크라테스는 "뇌로부터 우리의 즐거움, 기쁨, 웃음과 농담뿐 아니라 슬픔, 고통, 눈물도 비롯된다는 사실을 알아야 한다"라고 말하며, 뇌가 인간의 정신적 활동과 감정의 근원임을 강조했다.

또한 그는 당시로서는 혁신적인 관점을 제시했는데, 그중 하나가 바로 '4체액설(혈액, 점액, 황담액, 흑담액)'이다. 히포크라테스는 인간의 건강과 성격, 사고가 뇌의 구조가 아니라 체내의 네 가지 체액의 균형에 의해 결정된다고 보았다. 이러한 이론은 이후 수 세기 동안 서양 의학에 큰 영향을 미쳤다.

3) 아리스토텔레스(Aristotle, 기원전 384~322년)

그리스 시기에는 생각하는 장소가 어디인지에 대한 결론이 아직 나지 않았다. 당시 사람들은 뇌 혹은 심장에서 사고가 일어난다고 생각했다. 플라톤의 제자이자 그리스의 저명한 사상가인 아리스토텔레스는 심장이 지능을 담당하는 장소라고 생각했다. 수치스러운 과거를 떠올리거나 아름다운 여자 친구를 만나면 가슴이 뛰기 때문에 생각과 감정의 장기는 심장이라고 주장했다.

4) 헤로필루스(Herophilos, 기원전 335~280년)

헤로필루스는 그리스의 해부학자로, 해부학의 아버지로 불린다. 당시 최초로 인체 해부를 진행했기 때문이다. 그 결과 뇌를 신경계통의 중심 장기로 구분하였으며, 지성이 자라는 곳이라 생각했다. 그는 아리스토텔레스의 개념에서 벗어나 뇌가 지능을 담당한다고 생각했다. 그리고 신경의 본질이 특수 감각기관과는 다르다는 것을 처음으로 밝혔다. 헤로필루스의 견해 중 흥미로운 것은, 인간의 뇌 내부에 있는 뇌척수액으로 채워져 있는 **뇌실**(ventricle)을 인간 지능의 중심지라고 주장한 것이다. 당시의 뇌실을 그린 그림을 보면 머리에 세 개의 커다란 구 모양이 들어있는 모습이며, 뇌실이 지능의 중심지가 되는 곳이라 기록되어 있다.

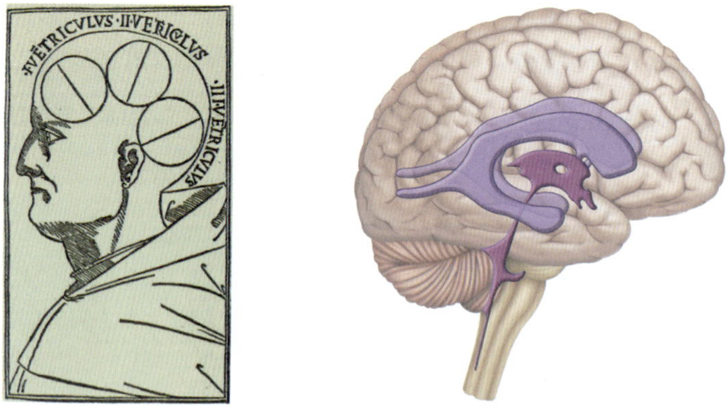

[그리스 시대의 생각한 뇌실의 모습(좌), 실제 뇌실의 모습(우)]
(출처: (우) ilusmedical / Shutterstock)

3. 로마 시대

1) 클라우디우스 갈레누스(Claudius Galenus, 126~199년)

로마 시대의 의사, 해부학자, 약초학자로 손꼽히는 갈레누스는 마르쿠스 아우렐리우스, 콤모두스, 그 후의 세베루스 황제의 주치의를 맡았던 사람으로 대단한 실력과 권력을 가지고 있었다. 갈레누스는 원숭이나 가축을 해부하여 뇌의 구조를 연구하였으며, 전투에서 다양한 부위에 상처를 입은 군사를 직접 치료할 기회를 많이 얻었다. 덕분에 해부학과 생리학, 진단법, 치료법에 이르기까지 모든 의학 분야의 지식을 쌓을 수 있었고, 의학의 황제로 불리게 된다.

갈레누스는 뇌가 우리의 생각과 정서, 기억을 조절한다고 최초로 언급하면서 뇌의 중요성에 대해 다시 알렸다. 그는 "외부에서 들어온 공기는 허파를 통해 '생명의 공기'로 변하고, 생명의 공기는 뇌 안에 있는 4개의 뇌실(ventricles)을 통해 '정신의 공기'를 만든다"라는 이색적인 주장도 하였다. 갈레누스의 해부학적, 생리학적 지식과 치료법은 과학의 발전이 없었던 중세시대를 거치며 1300년이 넘는 시간 동안 영향을 미치게 된다. 안타깝게도 올바른 지식뿐만 아니라 잘못된 부분까지 가톨릭교회의 공인 아래에 비판 없이 신봉되기도 했다.

4. 르네상스 시대

1) 레오나르도 다빈치(Leonardo Da Vinci, 1452~1519)

회화, 건축, 철학, 시, 작곡, 조각, 육상(멀리뛰기와 높이뛰기가 장기), 물리학,

수학 등 다양한 분야에 재능을 보였던 천재 레오나르도 다빈치는 특히 해부학에도 관심을 가지고, 관련 지식을 습득하는 데 많은 시간을 투자했다. 모나리자, 최후의 만찬 등의 그림으로 유명한 다빈치였지만 의외로 완성한 작품의 수는 22점밖에 되지 않았다. 완성도 높은 작품을 그리기 위해 다빈치는 실제 시체를 해부하며 인체 구조를 이해하기 위해 노력했다. 13,000페이지에 이르는 다빈치의 노트에는 다양한 스케치와 아이디어가 기재되어 있다. 다빈치가 죽고 오랜 시간 동안 박물관과 미술관에서 보관되고 있던 다빈치 노트는 1994년 경매시장에 나왔는데, 당시 3천만 달러(약 350억 원)의 금액으로 빌 게이츠에게 낙찰된다. 빌 게이츠는 다빈치 노트의 많은 부분을 일반인에게도 공개하였는데, 노트에는 인체뿐만 아니라 초기 프로펠러 모델, 공격 탱크와 같은 다양한 분야의 스케치가 담겨있다.

초기의 뇌 그림은 세 개의 뇌실을 그려져 있으나 후기의 뇌 그림에는 실제 뇌실의 형태와 유사한 모습으로 묘사되어 있다. 다빈치는 뇌의 구조를 확인하기 위하여 새로운 방법을 개발하기도 했는데, 혈관과 뇌실에 왁스를 주입

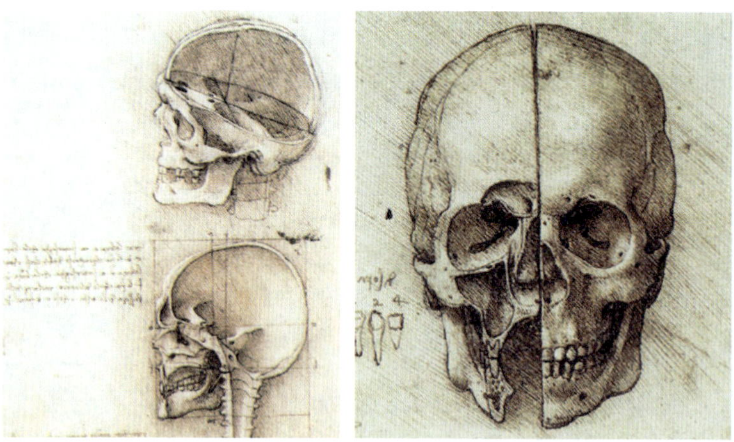

[다빈치의 그림 비투루비우스적 인간, 두개골 그림(1489)]

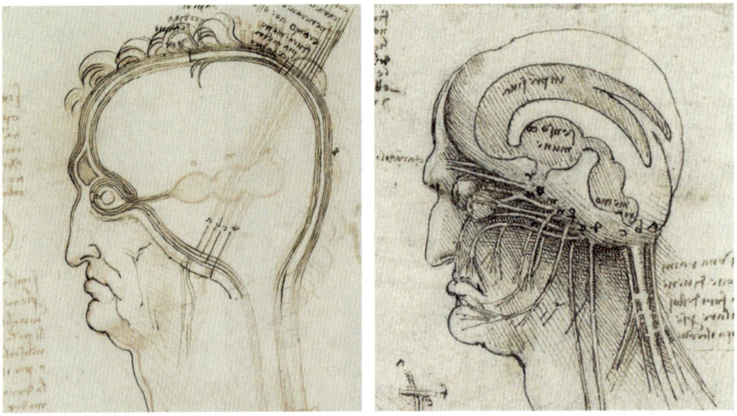

[다빈치의 그림-초기의 뇌실와 후기의 뇌실]

하여 물렁물렁한 뇌의 구조를 단단하게 만든 후 해부를 진행했다. 이러한 방법을 통해 뇌실의 형태도 정확하게 확인할 수 있었다.

2) 안드레아스 베살리우스(Andreas Vesalius, 1514~1564)

벨기에 출신의 해부학자 베살리우스는 대대로 의학 집안에서 태어났다. 그의 아버지는 신성로마제국 황제 카를 5세의 약제사였다. 파리대학에서 의학 공부를 시작한 베살리우스는 이탈리아의 파도바대학에 자리를 잡는다. 그는 지역의 재판관 마르칸토니오 콘타리니의 도움으로 사형에 처하는 범죄자의 몸을 해부할 수 있게 된다. 이러한 해부 경험을 통해 베살리우스는 갈레누스가 인체 해부 경험이 없었다는 것을 알게 되었고, 해부학적인 오류를 과감하게 비판한다. 그는 첫 번째 근대 해부학 교재인『인체의 구조에 관하여(De Corporis Humani Fabrica in 1543)』를 출판하여 인간의 사고가 뇌실에서 나온다는 오류를 과감하게 비판하고, 대뇌피질, 뇌하수체, 송과샘, 뇌신경 등의 뇌 구조를 명확하게 알렸다.

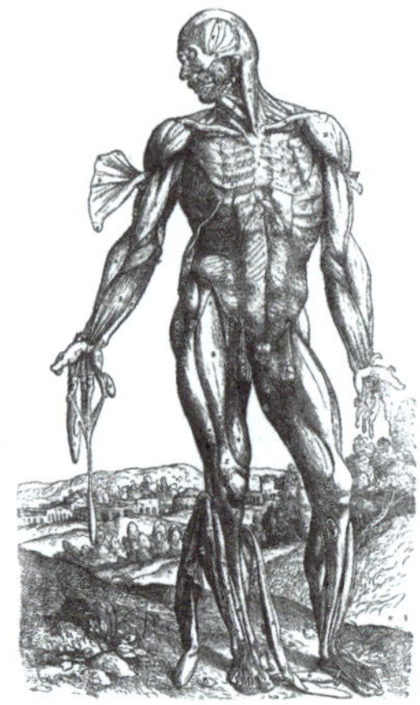

[해부를 진행하는 베살리우스(좌), 베살리우스가 발간한 책 『인체구조에 관하여』에 수록된 인체 해부도(우)]

5. 근대 이후의 뇌 연구

1) 프란츠 갈(Franz Joseph Gall, 1758~1828)

뇌신경의 구조와 기능을 연구한 프랑스의 해부학자로는 프란츠 갈이 있다. 그는 두개골의 모양에 따라 성격이나 특성이 비슷했던 사람들을 기반으로 재미있는 이론을 제시했다. 그 이론은 사람의 성격과 성향은 뇌의 특정 부위의 기능에 의해 나타나며 그 결과 두상의 모양이 달라진다는 **골상학**(phrenology)이다. 갈은 사람의 대뇌를 35개의 부분으로 나누고, 각 영역이 특정 능력을 가진다고 주장했다. 당시 프랑스 사회에서는 골상학은 큰 인기를 얻으며 많은 사람들의 관심을 받게 된다. 골상학은 틀린 것으로 밝혀졌지만, 뇌의 특정 부위가 특정 기능을 담당할 것이라는 기본적인 발상은 후대로 전해지게 된다.

2) 피에르 플로렌스(Marie Jean Pierre Flourens, 1794~1867)

1815년 프랑스의 생리학자인 플로렌스는 골상학의 진실을 확인하기 위한 연구를 시행했다. 살아있는 토끼와 비둘기의 뇌를 손상시켜 국소적인 손상이 운동능력이나 감각능력에 어떠한 영향을 주는가를 확인한 것이다. 대뇌 각각의 부위를 분석한 결과 골상학이 거짓이었음이 밝혀진다. 이 사건을 계기로 뇌의 특정 부분이 특정 기능을 담당한다는 **국소론적 관점**(localistic model)에 반대되는 **전체론적 관점**(distributed model)이 등장하기도 했다.

인물로 보는 뇌 이야기

뇌에 철봉이 박힌 남자, 피니어스 게이지(Phinease Gage, 1823~1860)

1848년 9월 13일, 미국 버몬트주의 철도회사 직원 피니어스 게이지는 공사 현장에서 다이너마이트 폭발 사고를 당했다. 이 사고로 지름 약 3cm, 길이 1m에 달하는 철봉이 그의 전두엽을 관통했다. 오랜 혼수상태 끝에 기적적으로 깨어난 게이지는 생명을 건졌지만, 사고 전과는 완전히 다른 사람이 되어 있었다.
사고 이전의 그는 성실하고 책임감이 강한 감독관으로, 동료들에게 신뢰받는 인물이었다. 그러나 사고 이후 그는 감정 기복이 심해지고 사소한 일에도 쉽게 화를 냈다. 인내심과 집중력이 사라지면서 장기적인 업무를 수행하기 어려워졌고, 결국 철도회사에서 해고되었다.
이후 게이지는 간질 발작에 시달리며 불안정한 삶을 이어가다가 1860년, 36세의 나이로 생을 마감했다. 그의 뇌는 사고 당시 수술을 담당했던 주치의 존 마틴 할로(John Martyn Harlow) 박사에 의해 부검되었다. 1868년, 할로 박사는 게이지 사례를 분석한 논문을 발표하며 전두엽 손상이 감정 조절과 충동 억제 능력에 중대한 영향을 미칠 수 있음을 밝혔다.
그로부터 약 140년이 지난 2009년, UCLA의 잭 반 혼(Jack Van Horn) 박사는 확산텐서영상(DTI, Diffusion Tensor Imaging) 기술을 이용해 게이지의 뇌손상을 3D로 복원했다.[1] DTI는 자기공명영상(MRI)의 한 기법으로, 뇌 속 물 분자의 움직임을 추적해 신경섬유의 연결 구조를 시각화할 수 있다. 이를 통해 게이지가 사고로 전두엽의 약 11%와 대뇌피질 전체의 약 4%를 잃었음을 확인했다. 또한 단순한 전두엽 손상뿐 아니라 전두엽과 변연계 간의 연결이 끊어졌다는 사실도 밝혀졌다.

이 변연계 손상은 감정과 충동 조절에 핵심적인 역할을 하는 영역에 영향을 미쳤고, 그 결과 게이지는 충동적이고 공격적인 성향을 보이게 된 것으로 분석되었다. 피니어스 게이지의 사례는 뇌의 구조와 인간의 성격 및 감정 조절 간의 연관성을 밝히는 중요한 계기가 되었으며, 현대 신경과학 발전에 크게 기여한 역사적 사례로 남았다.

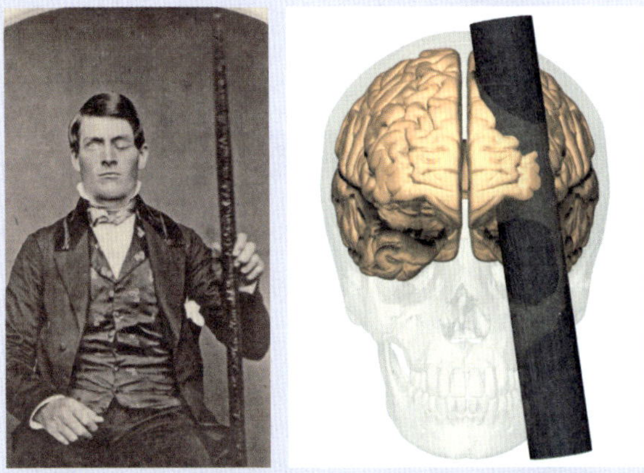

[피니어스 게이지 사고 후의 사진(좌), 철봉이 박힌 모습(우)]

(출처: (우) Polygon data is from BodyParts3D, CC BY 2.1, Wikimedia Commons)

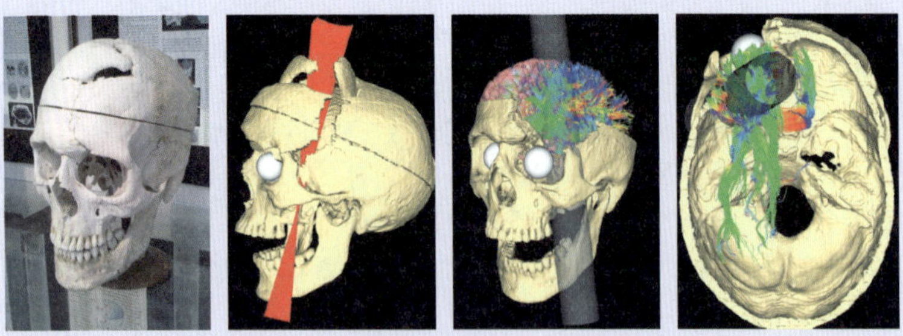

[하버드대학 워렌 해부학박물관에 전시된 게이지의 뇌]

(출처: Van Horn JD, Irimia A, Torgerson CM, Chambers MC, Kikinis R, et al., CC BY 2.5, Wikimedia Commons)

3) 그라티올레(Louis Gratiolet, 1815~1865) & 오베르탱(Ernest Auburtin, 1825~1895)

1861년 2월부터 4월까지 프랑스 파리에서는 인류학 학회가 열렸다. 이 학회에서 뇌에 관한 두 가지 주장이 대립하였다. 한 가지는 그라티올레가 주장한 전체론적 관점(distributed model)으로, 뇌는 전체적으로 활동하며 국소화된 기능적 중심은 존재하지 않는다는 것이다. 그리고 또 다른 주장은 오베르탱의 국소론적 관점(localistic model)으로, 뇌의 특정부위가 기능을 담당한다는 것이다. 그라티올레와 오베르탱의 논쟁은 뇌 과학 역사에서 국소론과 전체론 간의 중요한 충돌로 기록되어 있다.

4) 폴 브로카(Paul Pierre Broca, 1824~1880)

국소론적 관점을 주장한 오베르탱에게 힘을 실어준 이가 있는데, 프랑스 파리의 외과의사이자 해부학자인 폴 브로카이다. 1862년 브로카는 언어를 이해할 수는 있지만 말을 할 수 없고 '탄'이라는 외마디 말만 할 수 있는 르보르

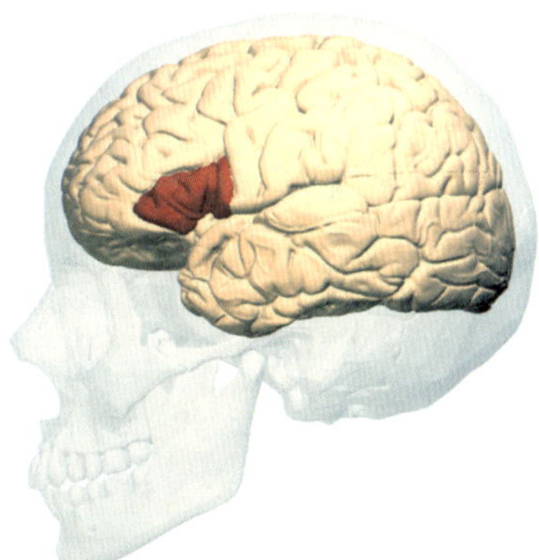

[폴 브로카와 브로카 영역(좌반구 전두엽)]

(출처: Polygon data is from BodyParts3D, CC BY 2.1, Wikimedia Commons)

뉴(Leborgne)라는 실어증 환자를 만나게 된다. 르보르뉴의 사망 후 부검에서 왼쪽 전두엽 부위에 뇌병변이 있음을 확인하였고 뇌 기능이 국소화되어 있음을 알게 된다. 브로카는 말을 하는 중추센터인 뇌영역에 본인의 이름을 붙여 '브로카 영역(Broca's area)'이라고 하였다. 이 발견은 뇌가 특정 영역별로 기능이 다를 수 있다는 생각을 촉진하는 중요한 계기가 된다.

5) 카를 베르니케(Carl Wernicke, 1848~1904)

독일의 베르니케는 의과대학 졸업 후 오스트리아의 정신과 의사이며 신경해부로 유명한 마이너트(Theodore Hermann Meynert, 1833~1892)와 함께 일하는 기회를 얻게 된다. 두 사람은 다른 사람의 말을 이해하지는 못하면서 의미 없는 말을 하는 증상을 가진 여성 환자를 만난다. 이 환자의 사후 부검을 통해 왼쪽 측두엽 상부에 손상이 있음을 발견하였는데, 이 자리는 청각 신호가 전달되는 부위와 가까웠다. 이 사건을 통해 청각을 담당하는 뇌 영역 근처에 언어 이해를 담당하는 영역이 있다고 생각하게 된다.

베르니케는 1874년에 『실어증 증상 증후군(Aphasische Symptmeno-complex)』이라는 책을 발간하고 독일로 돌아와서 유사한 증상의 실어증 환자를 추가로 보고한다. 이들은 브로카 실어증 환자와 다르게 유창하게 말을 할 수 있으나 알아들을 수 없는 말을 하는 특징이 있었다. 즉, 다른 사람이 하는 말을 들을 수는 있지만 전혀 이해하지 못했다. 베르니케는 이 증상이 새로운 형태의 실어증이라는 것을 밝힌다.

베르니케는 실어증 연구를 통해 뇌에서 언어를 이해하고 말을 하는 과정을 알게 되었다. 청각중추를 통해서 전달된 언어는 먼저 **베르니케 영역**으로 전달되어 그 의미를 이해할 수 있다. 다른 사람의 말을 따라 할 수 있는 환자들도 있었는데, 이것은 신호가 다시 말하기를 담당하는 전두엽의 브로카 영역

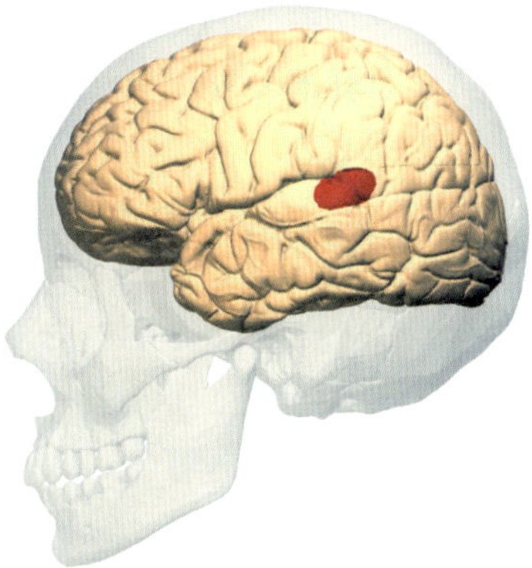

[카를 베르니케와 베르니케 영역(좌반구 측두피질)]

(출처: Polygon data is from BodyParts3D, CC BY 2.1, Wikimedia Commons)

으로는 전달되기 때문이었다. 이를 통해 베르니케는 언어 이해 영역의 손상으로 나타나는 실어증을 **감각실어증**으로, 브로카 영역의 손상 때문에 발생하는 실어증은 **운동실어증**이라고 이름 짓는다. 감각실어증은 그의 이름을 따서 **베르니케 실어증**이라고도 한다.[2]

6) 존 헐링 잭슨(John Hughlings Jackson, 1835~1911)

영국의 의사이자 해부학자인 잭슨은 뇌전증 연구의 초석을 다진 연구자로 유명하다. 잭슨은 운동 발작이 처음에는 얼굴에서 시작되고, 다음에는 손과 팔로 전해지며, 마지막으로 다리까지 떨리는 특정 순서대로 진행되는 것을 밝혀 이를 잭슨 발작(Jacksonian epilepsy)이라 명명했다. 또한 잭슨은 뇌 운동신경의 분포에 따라 발작이 진행하는 것으로 생각하고 뇌에 운동신경이 특정 순서로 분포하고 있을 것으로 예상했다. 그의 연구 결과는 뇌의 특정 부위가 특정 기능을 담당한다는 국소론에 힘을 실어주게 된다.

잭슨은 왼쪽 전두엽이 손상된 31명의 환자 증상을 정리하며 브로카가 주장한 언어중추가 반드시 좌측 반구에 위치하는 것은 아니라는 것을 알게 된다. 왼쪽 뇌가 심하게 손상된 일부의 환자들은 갑작스러운 감정 변화가 있는 경우 말이나 욕을 할 수 있으며, 실어증으로 말을 전혀 할 수 없는 아이 중 일부가 노래는 부르는 것을 확인하였다. 이를 바탕으로 잭슨은 좌측 반구인 주 반구(major hemisphere)는 지적인 언어 능력을 가지고, 우측 반구인 부 반구(minor hemisphere)는 감정과 관련된 발화를 할 수 있다는 것을 밝혔다.

잭슨은 저명한 잡지인 「브레인(Brain)」의 창립자이기도 하다. 1878년에 처음 출판되어 오늘날에도 임상 신경학 및 실험 신경학과 관련한 다양한 연구를 다루고 있다.[2,3]

7) 에두아르트 히치히(Eduard Hitzig, 1838~1907) & 구스타브 프리츠 (Gustav Fritsch, 1838~1927)

독일의 신경과학자 히치히는 2차 슐레스비히 전쟁에 외과의로 참여하면서 특별한 경험을 하게 된다. 두개골이 손상된 환자의 상처를 소독하는 과정에서, 약한 전기 자극으로 인해 환자에게 불수의적인 근육 수축이 일어나는 것을 목격한 것이다. 이를 통해서 대뇌피질의 자극 가능성을 본 히치히는 1860년대 후반 프리츠와 함께 뇌피질 자극 실험을 본격적으로 시작한다.

두 사람은 개의 운동피질의 여러 부분을 전기적으로 자극하는 연구를 진행하였다. 피질의 어느 부분을 자극하면, 신체의 특정 부분이 수축하는 것을 관찰하였으며, 피질의 작은 부분을 파괴하면 해당 부분이 마비된다는 것도 알게 되었다. 이러한 연구를 통해 오른쪽 뇌가 왼쪽 신체를, 왼쪽 뇌가 오른쪽 신체를 지배한다는 사실이 확인되었다. 이로써 대뇌피질에 운동 영역이 있음이 추가로 확인되었고, 이 두 사람은 연구 결과를 1870년에 발표하였다. 이들의 연구는 뇌 국소화 이론에 중요한 근거가 되었으며 잭슨 발작 현상의 타당성도 증명하게 되었다.[4]

8) 와일더 펜필드(Wilder Graves Penfield, 1891~1976)

캐나다의 신경외과 의사로 알려진 와일더 펜필드 박사는 미국에서 태어났다. 프린스턴대학을 거쳐 영국의 옥스포드 머튼 칼리지에서 공부하였는데, 이곳에서 유명한 신경생리학자인 찰스 세링턴(Charles Sherrington) 교수와 윌리암 오슬러(William Osler) 교수를 만나며 뇌에 관심을 키운다. 이후 존스 홉킨스 대학에서 의학박사 학위를 수여한 후 신경외과 의사로 일하기 시작했으며, 캐나다 맥길대학에 자리를 잡으며 다양한 연구를 진행하였다.

펜필드 박사는 뇌전증 발작 부위를 국소마취 상태에서 확인하는 '몬트리올 수술법'을 개발하였다. 이 수술 동안 다양한 뇌 부위를 건드릴 때 환자들의 다양한 느낌과 감각을 확인할 수 있었고 이를 통해 전두엽 뒷부분에 있는 **운동중추**와 두정엽에 있는 **감각중추**를 발견한다. 또한 특정 피질 영역의 크기와 특정 신체 부위의 크기가 일치하지 않다는 것을 확인하여 그림으로 남겼다.

이 그림은 라틴어로 '작은 사람'이라는 의미인 **호문클루스**(homunculus)라고 명명했다. 그림을 보면, 호문클루스는 손과 입술이 아주 크고 몸통과 다리는 매우 작게 그려진 것을 볼 수 있다. 이를 통해 손이나 입술처럼 섬세한 동작

[Wilder Graves Penfield 박사와 그가 주장한 호문쿨루스]

(출처: Mpj29, CC BY-SA 4.0, Wikimedia Commons)

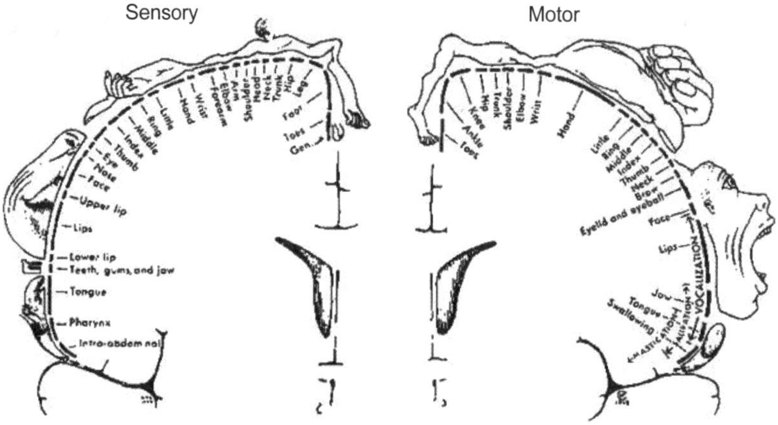

(After W. Penfield and T. Rasmussen, 1950)

[와일더 펜필드 박사가 밝힌 두정엽에 있는 체성감각 중추와 전두엽의 운동중추]

이나 세밀한 감각이 느껴지는 부위가 뇌에서 더 큰 영역을 차지하고 있다는 것을 의미한다. 반대로 등이나 다리와 같이 낮은 감각 민감도를 지니거나 큰 운동을 조절하는 곳은 뇌에서 작은 영역을 차지하고 있음을 보여준다. 이러한 뇌의 부위별 기능을 확인하는 과정에서 동일한 위치에서 같은 기능을 담당할 것으로 생각되던 좌뇌와 우뇌의 기능이 서로 다르다는 원리인 **대뇌외측화**(cerebral lateralization)가 확립되었다.

9) 카밀로 골지(Camillo Golgi, 1843~1926)

19세기 초반 현미경이 개발되며 인체 조직의 미세구조를 연구하는 현미경 해부학도 발달하기 시작하였다. 이를 통해 신경세포의 구조 및 기능에 대해 이해의 폭이 넓어지기 시작했다. 이탈리아의 카밀로 골지는 1873년에 은 염색법(silver staining technique)을 발명하고 이 덕분에 고도로 분지된 가지 돌기(dendrites)와 축삭(axon)이 있는 신경세포를 명확하게 관찰할 수 있게 된다. 또한 골지는 소뇌의 골지세포(Golgi cell of cerebellum)와 골지복합체(Golgi apparatus)를 발견하였다. 골지는 염색법을 이용하여 신경세포를 관찰한 결과 모든 신경이 하나의 거대한 그물로 연결되어 있다고 확신하고, 이를 **망상이론**(reticular theory)이라고 명명하였다. 골지의 망상이론에 맞선 학자가 있었으니, 그의 이름은 산티아고 라몬 이 카할이다.

10) 산티아고 라몬 이 카할(Santiago Ramón y Cajal, 1852~1934)

뇌과학의 아버지로 불리는 카할은 1887년부터 골지염색법(Golgi staining)을 이용해 신경계를 연구하였다. '카할 주입법'이라는 방법을 개발하고, 이 방법으로 신경 표본을 제작하였으며, 이를 통해 신경세포가 축삭과 가지돌기로 이루어져 있고, 신경세포 사이에는 시냅스(신경연접)라는 구조가 있으며, 이러한 방식으로 중추신경계통이 구성되어 뇌세포가 전기적 신호를 전달한다는 것을 발견하였다. 하지만 카할은 골지의 견해와는 달리 신경세포가 서로 독립적인 구조를 하고 있으며 복잡한 네트워크를 형성하여 정보를 전달한다는

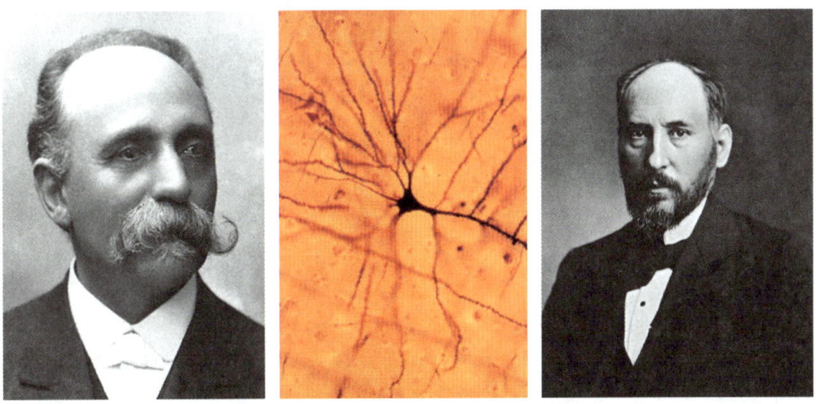

[카밀로 골지, 신경세포 골지 염색, 산티아고 라몬 이 카할]

뉴런이론(neuron doctrine)을 주장하였다.

신경학자들은 망상이론과 뉴런이론으로 파를 나누어 논쟁을 벌이기도 했다. 신경세포에 대한 많은 발견을 거듭한 골지와 카할은 1906년에 공동으로 노벨 생리의학상을 받았지만, 그들의 논쟁은 노벨상 수상 강연에서도 계속되었다. 이 논쟁은 두 사람이 죽고 50여 년간 계속되다가 1950년대에 전자현미경이 발명되어 신경세포 사이에 미세한 틈을 발견하면서 마침표를 찍는다.

2장

뇌와 신경계

1. 중추신경계와 말초신경계

뇌와 신경은 인체의 모든 기능을 조절하는 핵심 시스템이다. 특히 뇌는 신경계의 중심부 역할을 하는 일종의 컨트롤 타워로, 감각, 운동, 인지, 생명유지, 감정과 같은 다양한 신체 기능을 담당한다. 신경은 뇌와 신체 각 부위를 연결하고 신호를 전달하는 역할을 담당한다.

신경계를 분류하는 방법은 구조적으로 분류하는 방법과 기능적으로 분류하는 방법이 있다. 먼저 구조적으로는 신경의 위치에 따라 뇌 부분에서 연결되어 나오는 12쌍의 뇌신경과 척수 부분에서 나오는 31쌍의 척수신경으로 분류한다.

기능적으로 신경계를 분류할 때는 중추신경계(central nervous system, CNS)와 말초신경계(peripheral nervous system, PNS)로 나눌 수 있다. 이 책에서는 주로 중추신경계에 대한 상세한 이야기를 다룰 것이므로, 말초신경계에 대해서는 다음과 같이 간략하게만 살펴보자.

1) 말초신경계

말초신경계는 척추동물의 뇌와 척수의 중추신경계에서 나와 온몸으로 분포하는 신경계를 의미한다. 말초신경계는 체성신경계(somatic nervous system, SNS)와 자율신경계(autonomic nervous system, ANS)로 이루어져 있다.

① 체성신경계

체성신경계는 감각 기관에서 받아들인 자극을 중추신경계로 보내고, 중추신경계의 명령을 반응 기관으로 보내는 역할을 담당하며, 감각신경계와 운동신경계로 나눈다.

감각신경계는 감각 기관에서 들어오는 감각 신경으로 말단에서 중추로 전달되는 구심성을 띠고 있다.

운동신경계는 신호를 중추에서 말단으로 전달하는 원심성을 띠고 있다. 수의적으로 조절이 가능하며, 뇌에서 유래된 신호를 골격근으로 전달한다.

② 자율신경계

자율신경계는 우리 의지와는 관계없이 몸을 자율적으로 균형을 맞추는 불수의적 조절을 하고 있다. 교감신경계와 부교감신경계로 이루어져 있으며 심근, 내장근, 소화, 순환, 분비 기관 조절하며 생명 유지에 관련된 기능을 담당한다.

교감신경계(sympathetic nervous system)는 각성과 에너지 생성을 조절한다. 교감신경이 작동하면 피부와 소화관의 세동맥은 수축하고, 근육의 세동맥은 확장된다. 심장박동수가 증가하며 혈압이 상승하고, 피부나 위장관의 혈액이 뇌, 심장, 근육으로 집중된다.

부교감신경계(parasympathetic nervous system)는 휴식과 소화의 기능을 담당하는데, 에너지를 보존하는 역할을 한다. 부교감신경계가 작동하면 심장박동수는 감소하며 동공이 수축하고, 소화관의 연동운동과 분비샘의 분비가 증가하는 것을 확인할 수 있다.

2) 중추신경계

중추신경계는 뇌와 척수를 포함하는 신경계로, 말초신경계와 함께 동물의 행동과 기작을 제어한다.

뇌는 전뇌, 중뇌, 후뇌로 구성된다. 후뇌 중 한 부분인 연수 아래쪽에는 척수가 연결되어 있으며, 뇌의 명령이나 자극에 대한 흥분을 전달한다. 그리고 뇌와 척수에는 신경세포가 연결되어 신호를 전달한다.

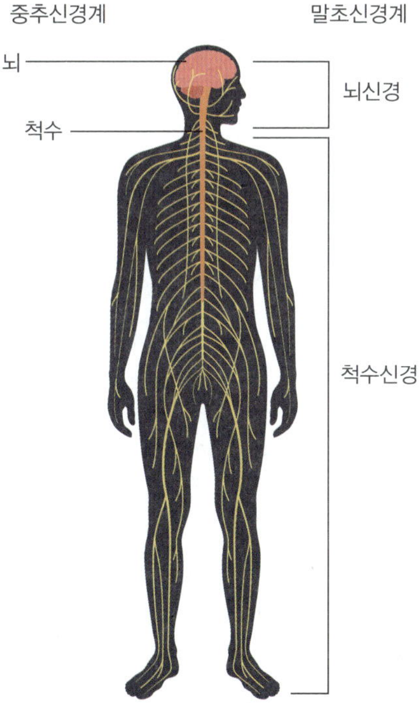

[중추신경계, 말초신경계의 신경분포도]

2. 뇌

사람의 뇌는 약 1,400g으로 전체 체중의 약 2%를 차지하고 있으며 그 중 약 80%는 수분으로 이루어져 있다. 인간과 유사한 체중을 지닌 침팬지의 경우 뇌의 무게가 400g이고 이 무게가 전체 체중의 0.5%인 점을 생각한다면 인간의 뇌가 상당히 크다는 것을 쉽게 알 수 있다. 사람은 뇌에는 우리 몸에 흐르고 있는 전체 혈액의 약 15%가 흐르고 있다. 우리 뇌에는 약 천억 개의 신경세포가 존재하고 있는데, 원활한 혈액 공급을 통해 뇌의 신경세포가 많은 산소와 포도당을 사용하고 있으며 종합통제센터로서 다른 하위 기관을 지휘, 감독할 뿐만 아니라 학습, 추론, 기억 등을 조절한다.

사람의 뇌는 튼튼한 뼈로 보호되고 있는데, 작은 구멍이 있어 충격 흡수에 탁월한 치밀골로 구성되어 있다. 그리고 그 안쪽에 있는 뇌척수막(meninges)에 의해 한 번 더 보호되고 있다. 뇌의 바깥쪽은 피질이라고 부르는데 이곳은 신경세포의 세포질이 많이 존재하는 회백질로 구성되어 있다. 뇌의 안쪽인 수질의 경우 세포의 축삭 부분이 주로 존재하는 백질로 이루어져 있다.

뇌 내부에는 뇌척수액이 있는 방이 있는데 이곳을 뇌실(ventricles)이라 한다. 뇌실의 주요한 역할로는 영양물질과 호르몬을 공급하고 노폐물을 제거하는 일이다.

배아의 발생에 따라 전뇌, 중뇌, 후뇌로도 뇌를 구분한다. 전뇌는 대뇌, 간뇌(시상, 시상하부, 시상상부), 해마, 뇌하수체, 송과샘으로 구성된다. 가장 큰 영역을 차지하는 대뇌(cerebrum)와 해마(hippocampus)는 학습, 기억, 언어구사, 동기부여 및 감정 등을 담당한다. 시상(thalamus)은 감각의 중계소로서 몸에서 전해지는 통감, 촉감 및 온도와 같은 감각 신호를 받아들이고 대뇌의 특정 피질로 그 정보를 전달한다. 시상하부(hypothalamus)는 심장박동, 혈압 및 수분평형,

배고픔, 갈증, 성적흥분, 분노, 쾌락 등을 조절하고 호르몬 분비의 역할도 맡고 있다. 시상상부(epithalamus)는 송과체(pineal gland)를 포함하며 생체리듬을 조절한다.

중뇌는 전뇌와 후뇌 사이의 뇌의 영역이다. 청각을 담당하는 감각 신경세포이며, 시각반사를 조절한다. 갑자기 날아온 야구공을 빠르게 피할 수 있는 이유는 시각반사 덕분이다.

후뇌는 뇌교, 연수, 소뇌로 분화되어 있다. 뇌교(pons)의 또 다른 이름은 다리뇌이다. 뇌교는 실제로 대뇌, 척수, 소뇌를 연결하는 역할을 담당하고, 연수와 함께 호흡을 조절하는 역할을 맡고 있다. 연수(medulla)는 숨뇌라는 이름도 가지고 있는데, 호흡, 심장박동, 혈압 및 근육의 수축을 조절한다. 소뇌(cerebellum)는 대뇌의 운동명령을 무의식적으로 전달하고 몸의 균형을 유지한다.

전뇌의 가장 큰 부분을 차지하고 있는 부분은 대뇌이다. 대뇌는 전체 뇌

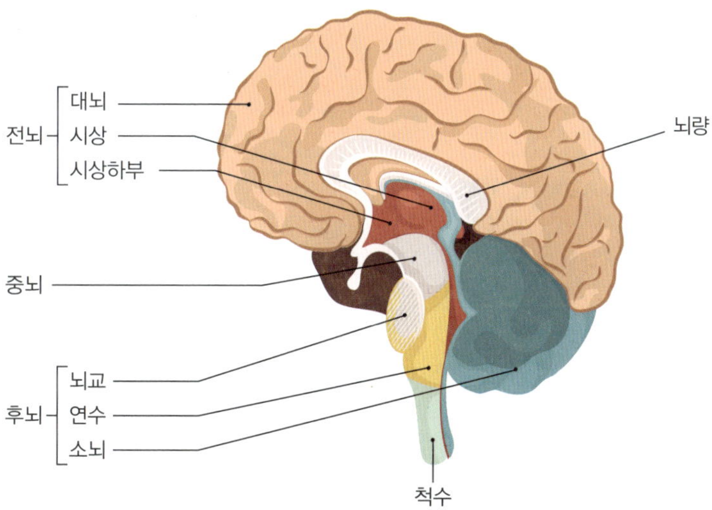

[전뇌, 중뇌, 후뇌의 구조]

무게의 80%를 차지하고 있으며 좌, 우뇌로 나뉘어 있다. 좌뇌와 우뇌를 연결하는 신경섬유다발이 있는데 바로 **뇌량**(corpus callosum)이다. 뇌량은 머리의 정중앙의 깊은 곳에 위치하며 정보의 전달과 통합에 매우 주요한 역할을 담당한다. 대뇌의 바깥쪽 부분을 피질이라고 하고, 안쪽을 수질이라고 한다. 피질 부분은 울퉁불퉁한 표면을 가지고 있는데, 뇌의 안쪽으로 들어가는 고랑(sulcus) 부분과 바깥쪽으로 나오는 이랑(gyrus) 부분으로 이루어져 있다.

대뇌의 피질 부분은 몇 개의 엽으로 구분한다.

다음 그림에서 청록색으로 표시된 부분은 **전두엽**(frontal lobe)이다. 머리 앞쪽에 자리 잡고 있으며 중심고랑(central sulcus)의 앞쪽, 실비우스열(sylvian fissure)의 위쪽에 위치하는 대뇌에서 가장 큰 피질 영역이며 기억, 사고, 추리, 계획, 운동을 비롯한 창의적인 기능을 담당한다.

전두엽 다음으로 눈에 들어오는 곳은 남색으로 표시된 곳은 **두정엽**(parietal lobe)이다. 머리의 가운데 부분에 자리 잡고 있으며, 중심고랑의 뒤쪽, 실비우스열의 위쪽에 있다. 아인슈타인이 두정엽이 특히 발달한 것으로 알려져 있

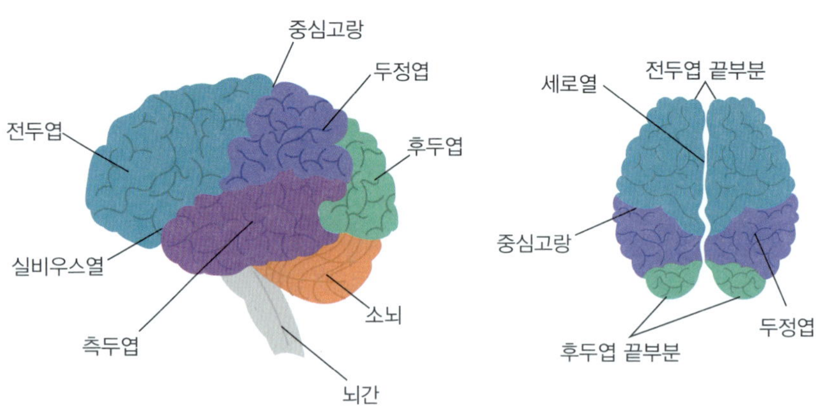

[대뇌피질의 구분]

으며, 이로 인해 두정엽을 '아인슈타인의 뇌'라고 한다. 체성감각피질이 존재하는 곳이며, 계산, 입체공간적인 사고를 담당하는 뇌로 알려져 있다.

실비우스열의 아래쪽에는 보라색으로 표시된 영역인 **측두엽**(temporal lobe)이 보인다. 일반적으로 청각이나 후각의 일차적 정보가 도착하는 부위이며 관자엽이라고도 부른다. 측두엽은 언어 중추로 불리며, 언어를 이해하는 데 중요한 역할을 하는 베르니케 영역이 존재한다. 또한 측두엽의 안쪽에는 기억의 핵심 부위인 해마가 위치하여 장기 기억의 형성에 중요한 역할을 담당한다.

측두엽과 두정엽의 뒤에 녹색으로 색칠한 영역은 **후두엽**(occipital lobe)이다. 눈에서 전달된 시각정보가 전달되어 사물을 바라보고 이해할 수 있도록 한다.

뇌에는 전두엽, 두정엽, 측두엽에 가려져 겉으로는 보이지 않는 피질이 하나 더 존재한다. 실비우스열 안쪽을 살짝 벌려보면, **뇌섬엽**(insula)이라 불리는 숨겨진 엽이 나타난다. 뇌섬엽은 우리로 하여금 내부적·외부적으로 일어나는 상황을 인식하고 해석하게 하며, 이를 통해 사회적 상호작용이 가능하게 한다.

3. 신경세포

카밀로 골지가 신경세포 염색에 성공하며 신경세포의 상세한 모습과 기능이 세상에 처음으로 공개된다. 신경계를 구성하는 두 가지 주요 세포는 **신경세포**(neuron)와 그 주변에 존재하는 **신경아교세포**(glial cell)가 있다. 신경세포는 정보를 전달하는 역할을 담당하고 있으며, 신경아교세포의 경우 신경세포를 도와 영양분을 공급하거나 노폐물을 제거하는 등의 지지 보조 역할을 한다.

중추신경계에는 중추신경아교세포(central neuroglia)가 존재하며, 종류로는 별아교세포(astrocyte), 희소돌기아교세포(oligodendrocyte), 미세아교세포(microglia), 뇌실막세포(ependymal cell)가 있다. 말초신경계에도 말초신경아교세포(peripheral neuroglia)인 슈반세포(schwann cell)와 신경절아교세포(위성세포, satellite cell)가 있다.

1) 신경세포의 구조와 기능

신경세포의 **세포체**(cell body)에는 일반 세포들과 같이 핵과 리보솜이 있으며, 유전정보와 단백질을 합성에 필요한 다양한 소기관이 있다. 신경세포를 일반 세포와 특별하게 구분하는 이유는 신경세포의 세포체에는 다수의 가지돌기와 축삭이 연결되어 있기 때문이다. 이러한 구별되는 구조 덕분에 신경세포는 가지돌기에서 전달받은 신호를 통합하고, 그 신호는 축삭을 통해 전달한다.

가지돌기(dendrite)는 세포체의 가느다란 연장 부분으로 세포의 표면적을 증가시키며 주변의 다른 신경세포로부터 정보를 수집한다.

축삭(axon)은 세포체로부터 표적 세포를 향해 나간 한 줄의 긴 돌기이다.

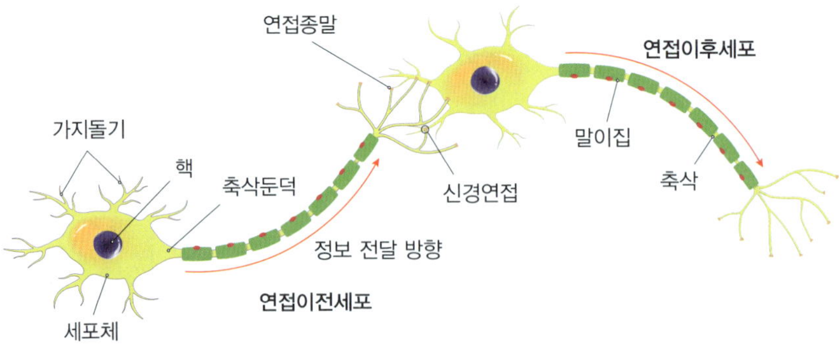

[신경세포와 신경연접]

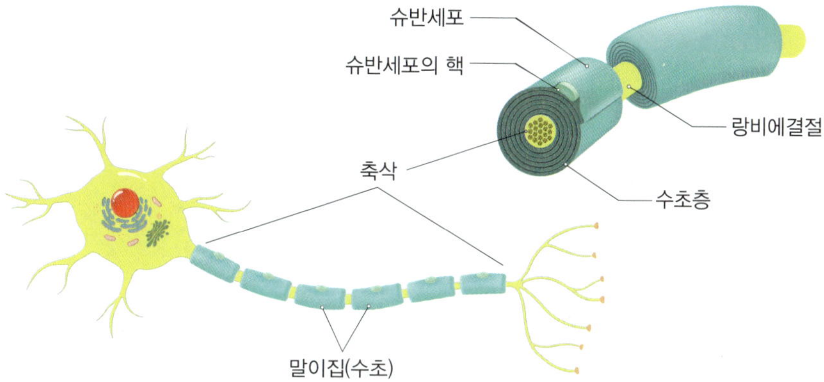

[슈반세포와 수초]

길이는 몇 마이크로미터에서 1미터 이상인 것도 있다. 세포체와 가장 가까운 축삭의 부위에서 전기적 신호가 만들어지며 정보를 신경세포 말단으로 보낸다. 세포 말단 부위에는 신경전달물질이 분비되어 화학적인 신호를 전달한다.

대부분의 축삭은 지지세포에 의해 변형된 20~200겹의 세포막으로 절연장치 역할을 하는 **말이집**(myelin sheath, 수초)으로 덮여있다. 말이집은 중추신경계에서 희소돌기아교세포가 생성하며, 말초신경계에서는 슈반세포에 의해 생성된다. 말이집 사이의 공간인 신경섬유마디를 **랑비에결절**(node of Ranvier)이라고 한다.

2) 신경아교세포

뇌 속에 가장 많이 분포하는 세포는 신경세포일까? 그렇지 않다. 정답은 신경아교세포(glial cell)이다. 일반적으로 신경아교세포의 크기는 신경세포의 1/10 정도로 작으나 그 수는 10배 정도로 많아서 뇌에는 수천억 개의 신경아교세포가 존재한다. 이 세포들은 신경세포처럼 신호를 생성하지는 못하지만 신경세포의 기능을 도와주며, 손상된 뇌 조직을 회복시키는 특별한 임무를 맡고 있다. 신경아교세포는 형태와 기능에 따라서 별아교세포, 희소돌기아교세포, 미세아교세포, 뇌실막세포로 구분한다.

① 별아교세포

별아교세포(성상교세포, astrocyte)는 가장 크고 많은 돌기를 가진 신경아교세포로 알려져 있으며, 신경세포가 있는 뇌의 피질에 많이 분포하며 신경세포의 신진대사에 관여한다. 신경세포에 에너지인 포도당을 공급하고 신경활동으로 발생하는 노폐물인 암모니아를 제거한다. 그리고 신경세포 주변의 과도한 신경전달물질을 제거하여 중추신경계 안의 세포외액의 조성을 조절하는 역할도 맡고 있다. 특히 별아교세포는 뇌에 있는 혈관에 특별한 역할을 담당하고 있는데 혈관 부위에 혈관뇌장벽(blood-brain-barrier, BBB)을 형성하여 독소나 다른 물질이 뇌로 침입하는 것을 막는다.

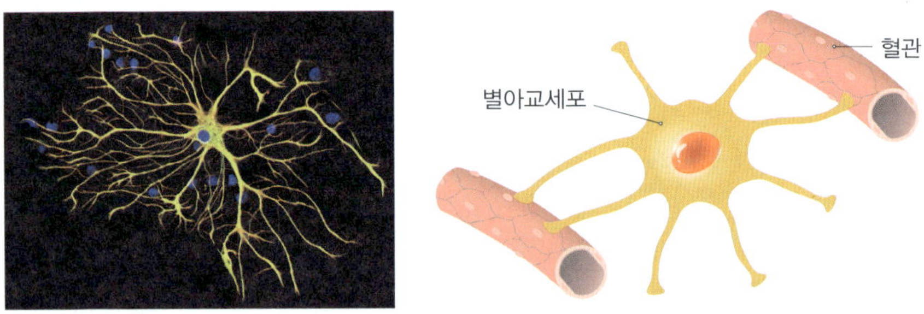

[현미경으로 본 별아교세포(좌), 혈관부위에 장벽을 형성하는 별아교세포(우)]

(출처: (좌) GerryShaw, CC BY-SA 3.0, Wikimedia Commons)

② 희소돌기아교세포

희소돌기아교세포(oligodendrocyte)는 뇌와 척수로 구성된 중추신경계에서만 발견되는 세포로, 별아교세포보다 크기가 작고 돌기가 적다. 이 세포는 신경세포의 축삭을 감싸는 말이집을 형성하여 전기적 절연체로 작용한다. 말이집은 신경 자극이 축삭을 따라 보다 빠르고 효율적으로 전달될 수 있도록 돕는 구조로, 이를 통해 신경계의 정보 전달 속도와 효율을 향상시킨다.

말초신경계에서는 슈반세포(Schwann cell)가 이와 유사한 역할을 수행하지만, 희소돌기아교세포는 하나의 세포가 여러 축삭의 말이집을 동시에 형성할 수 있다는 점에서 차이가 있다. 이러한 기능 덕분에 희소돌기아교세포는 중추신경계의 신경 신호 전달을 원활히 유지하고, 전체적인 신경계의 기능적 통합을 돕는 중요한 역할을 담당한다.

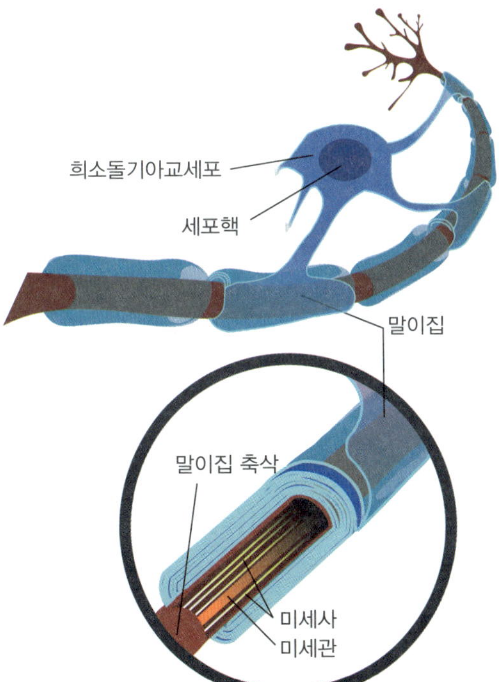

[희소돌기아교세포의 말이집 형성]

③ 미세아교세포

미세아교세포(microglia)는 뇌와 척수에 존재하는 면역세포이다. 아교세포 중 가장 작은 세포이지만, 중추신경계 내의 면역기능을 담당하고 있다. 뇌에 침입한 병원균을 제거하고 손상 혹은 변성된 세포를 잡아먹는 포식작용을 한다. 신경퇴행성 질환에서 발생하는 독성물질을 제거하여 신경세포를 보호하는 중요한 역할을 맡고 있다.

④ 뇌실막세포

뇌의 뇌실과 척수의 중심관 내벽을 덮는 신경상피세포의 한 종류인 뇌실막세포(ependymal cell)는 뇌와 뇌척수액 사이의 장벽을 형성하고, 뇌척수액의 생산과 순환을 도와주는 역할을 한다.

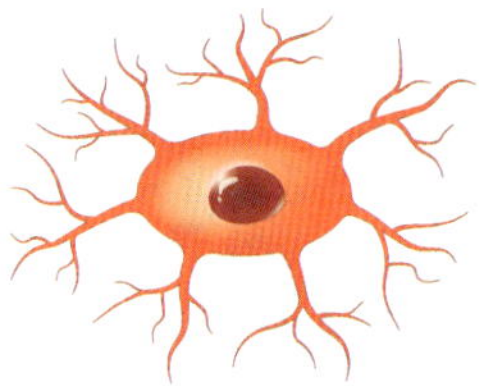

미세아교세포

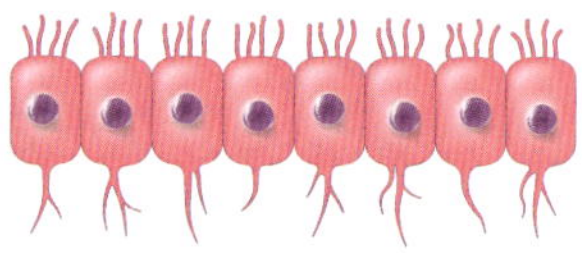

뇌실막세포

[미세아교세포(좌), 뇌실막세포(우)]

4. 신경전달을 조절하는 시냅스

골지와 카할의 신경세포가 서로 연결되어 있는가에 대한 논쟁은 50년간 이어졌다. 그리고 이 논쟁은 1950년대 전자현미경의 발달로 신경세포 사이의 미세한 틈이 발견되며 종료된다. 신경세포와 신경세포가 만나는 곳에서 확인한 약간의 틈을 **시냅스(신경연접,** neural synapse)라고 한다. 신호를 전달하는 이전 신경세포의 말단은 **신경전달물질**(neurotransmitter)을 포함한 **시냅스 소포**(synaptic vesicle)를 가지고 있으며, 말단 부위가 볼록하게 부풀어 오른 모습이다. 이 틈새는 일반적으로 약 30~50nm이며, 시냅스를 통해 신경전달물질이 분비되어 다음 신경세포의 막에 존재하는 수용체와 결합하며 신호를 전달한다.

시냅스의 종류는 2가지로 **전기적인 시냅스**(electrical synapse)와 **화학적인 시냅스**(chemical synapse)가 있다.[1]

전기적인 시냅스는 시냅스의 간격이 가깝고 두 신경세포의 통로(channel)가 연결되었을 때 일어나는 신호전달이다. 빠른 신호전달이 동시다발적으로 일어나는 장점이 있다. 그러나 다음 신경세포로 신호전달 시 전위가 증폭되지 않으며, 신호가 양방향으로 전달될 수 있기 때문에 신호 역류가 일어날 수도 있다는 단점을 가진다.

화학적 시냅스는 대부분의 신경세포 사이에서 이뤄지는 신호전달을 담당하며, 신경세포 말단에 존재하는 신경전달물질에 의해 신호가 한 방향으로만

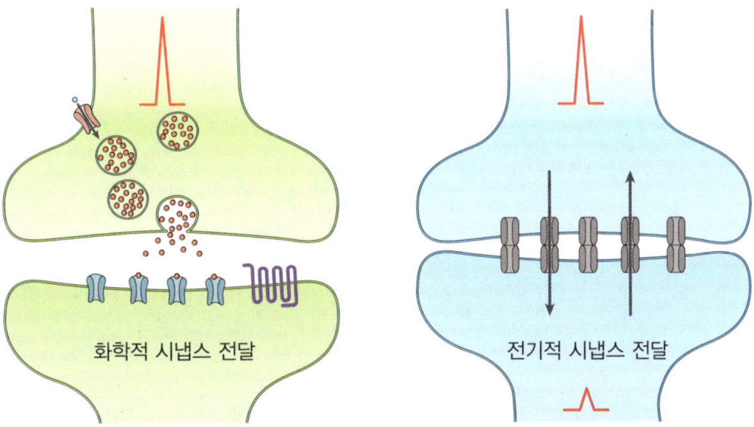

[화학적 시냅스 전달과 전기적 시냅스 전달]

전해진다. 신경전달물질과 신경전달물질이 결합하는 수용체의 종류에 따라 **흥분성 시냅스 전위**(excitatory postsynaptic potential, EPSP), **억제성 시냅스 전위**(inhibitory synaptic potential, IPSP)를 전달한다. 신호를 전달받는 신경세포에서 리간드 개폐형 이온 통로에 의한 빠른 반응(fast synaptic potential)과 G-단백질 매개에 의한 느린 반응(slow synaptic potential)이 일어난다.

1) 화학적 시냅스의 종류

화학적 시냅스는 분비되는 신경전달물질에 따라 흥분성 시냅스 전위(EPSP)와 억제성 시냅스 전위(IPSP)로 구분한다.

흥분성 시냅스 전달은 시냅스 후 신경세포의 막전위가 증가한다. 신경전달물질이 시냅스 간격을 통해 시냅스전 신경세포에서 시냅스후 신경세포로 신호를 전달하여 시냅스후 신경세포의 활동을 촉진하는 과정으로 흥분성 시냅스 전위(EPSP)를 발생한다. 대표적인 신경전달물질인 아세틸콜린(Ach)이 분비되는 경우 흥분성 전위가 생성된다.

억제성 시냅스 전달은 역치에서 멀어지게 하거나 활성을 낮추는 작용으로, 억제성 시냅스 전위(IPSP)를 형성한다. GABA와 같은 억제성 물질이 분비되는 경우 휴지막전위보다 낮은 전위가 형성될 수 있다.

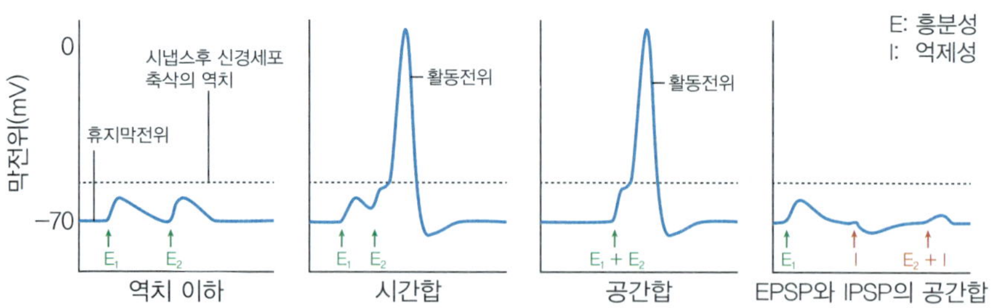

[시냅스후 전위의 합]

2) 신경전달물질

신경세포에서는 신경전달물질(neurotransmitter)이 분비되며, 신경세포에 존재하는 수용체에 결합하여 다양한 정보 전달을 매개한다. 신경전달물질은 인간의 인지, 감정, 기억 등 뇌 기능 전반에 핵심적인 임무를 수행한다.

일상에서 친숙하게 접하는 신경전달물질로는 도파민, 세로토닌, 아세틸콜린 등이 있으며 각각 기능을 가지고 뇌의 다양한 정보를 전달한다. 신경전달물질의 불균형은 우울증, 파킨슨병, 알츠하이머병 등 중대한 신경정신질환으로 이어질 수 있다.

3) 신경전달물질의 작용기작

신경세포에 자극이 전달되어 탈분극이 일어나면 신경세포 시냅스에 칼슘이온 채널이 열리고 칼슘이 신경세포 안으로 유입되어 시냅스 소포를 신경세포의 말단으로 이동시킨다. 세포막으로 이동한 시냅스 소포가 세포막과 융합이 일어나고 그 안에 들어있던 신경전달물질은 시냅스로 방출된다.

방출된 신경전달물질은 시냅스 후 신경세포의 세포막 수용체와 결합한다. 만약 양이온 채널이 열려서 양이온이 신경세포 안으로 들어가면 신경세포가 탈분극되어 흥분성 신호를 전달하고 음이온 채널이 열리면 신경세포가 과분극되어 신경전달이 억제된다.

4) 막전위

일반적인 신경세포의 지름은 약 10~25μm로 매우 작아서 연구자들은 신경세포 연구에 어려움을 겪고 있었다. 영국의 생리학자인 호지킨(Alan Hodgkin)과 헉슬리(Andrew Huxley)는 운이 좋게도 지름이 1mm에 달하는 거대 축삭을 가

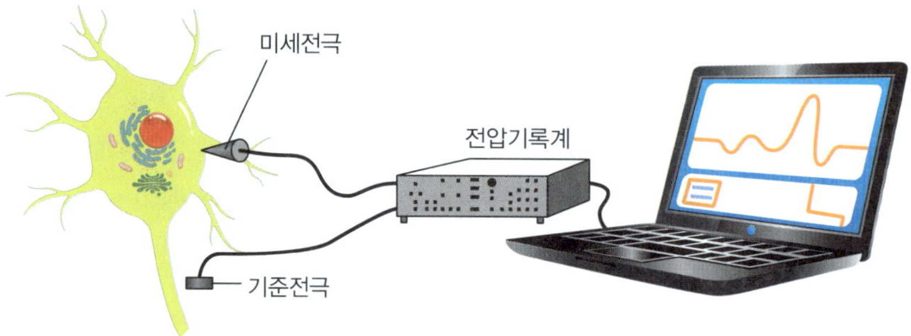

[세포내 전위 기록법]

진 오징어를 발견하며 신경세포의 막전위에 관한 연구를 시작할 수 있었다. 두 사람은 거대한 오징어의 축삭을 가지고 신경세포에서 활동 전위 및 이온 메커니즘을 밝히고, 그 공로를 인정받아 1963년 노벨 생리의학상을 수상한다.

신경세포는 신호가 전달되지 않는 휴지 상태에서는 세포 안쪽이 음전하를 띠고 있다. 이 전하를 '휴지막전위'라고 한다. 세포 내 음전하가 많고 세포막을 통과하는 전위의 차이가 70mV라면 휴지막전위는 −70mV라고 한다. 일반적으로 신경세포의 막전위는 +40～−90mV이다.

5) 이온 통로와 이온 펌프

이온 통로와 이온 펌프는 세포막을 통한 이온의 이동과 전위 형성에 핵심적인 역할을 한다. 세포막에는 여러 종류의 이온 통로와 펌프가 존재하며, 이들은 이온의 농도 기울기(concentration gradient)를 생성하고 유지함으로써 세포의 전기적 특성과 기능을 조절한다.

그중에서도 소듐-포타슘 펌프(Na^+−K^+ pump)는 가장 대표적인 이온 펌프로, ATP를 에너지원으로 사용하여 세포 밖으로 소듐 이온 3개를 내보내고, 세포 안으로 포타슘 이온 2개를 들여보낸다. 이러한 작용 덕분에 세포 외부는 소듐 농도가 높고, 세포 내부는 포타슘 농도가 높은 상태로 유지된다.

세포막을 경계로 소듐 이온의 농도 차이는 매우 크지만, 대부분의 소듐 통로는 닫혀 있어 소듐의 확산은 거의 일어나지 않는다. 반면, 포타슘 이온 통로는 비교적 많이 열려 있어 포타슘 이온이 세포 밖으로 이동하기 쉽다. 이때 다른 이온들의 세포막 투과성이 매우 낮기 때문에, 세포 내부는 상대적으로 음전하를 띠는 막전위(resting membrane potential)를 유지할 수 있다.

6) 활동전위

활동전위(Action potential)는 신경세포가 자극을 받을 때 세포막의 전위가 일시적으로 변화하는 현상을 말한다. 세포가 자극을 받지 않은 안정 상태에서는 세포 안팎의 전위차가 약 −70mV로 유지되며, 이를 **휴지막전위**(resting membrane potential)라고 한다. 이때 대부분의 이온 통로는 닫혀 있으며, 소듐-포타슘 펌프가 작용하여 세포 내외의 이온 농도 차를 유지한다.

자극이 일정한 **역치**(threshold)를 넘어서면, 세포막의 전압 개폐성 소듐 통로가 열리면서 소듐 이온(Na^+)이 세포 내부로 급격히 유입된다. 그 결과, 세포 안쪽의 전위가 빠르게 상승하여 막전위가 음전하에서 양전하로 바뀌는 **탈분극**(depolarization)이 일어난다.

이후 일정 시간이 지나면 소듐 통로가 닫히고, 전압 개폐성 포타슘 통로가 열리면서 포타슘 이온(K^+)이 세포 밖으로 이동한다. 이로 인해 막전위가 다시 음전하로 돌아가며 **재분극**(repolarization)이 일어난다.

포타슘 이온의 이동이 과도하게 일어나면 세포 안의 전위가 휴지막전위보다 더 낮아지는 **과분극**(hyperpolarization) 상태가 된다. 이후 소듐-포타슘 펌프의

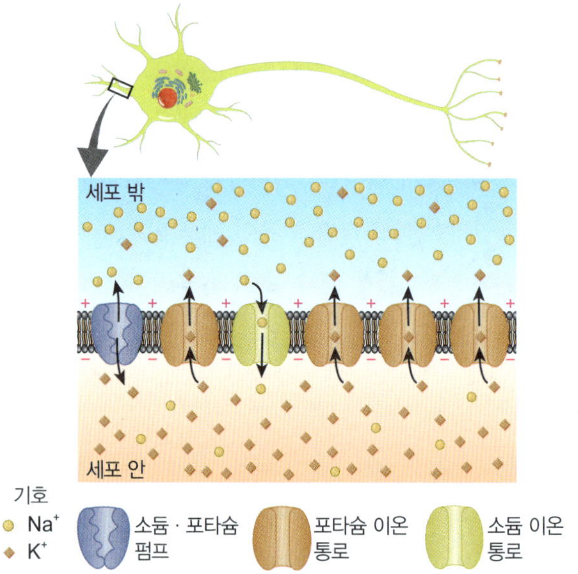

[세포막의 이온 통로]

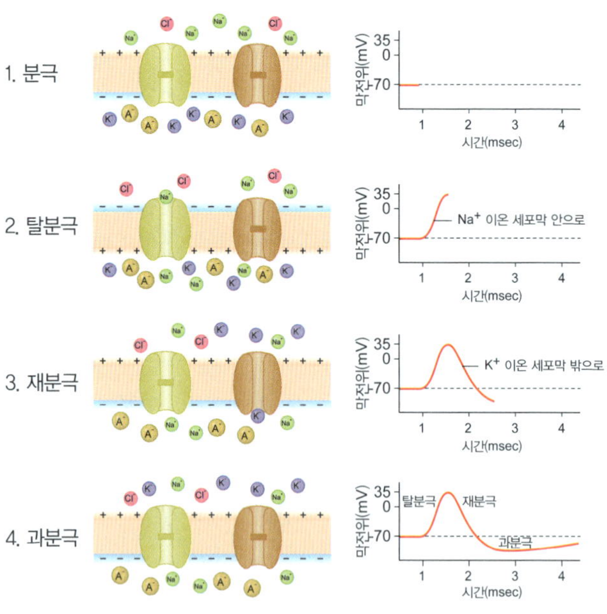

[이온 통로 상태에 따른 활동전위]

작용에 의해 이온 분포가 다시 정상으로 회복되면서, 세포는 휴지막전위 상태로 돌아가 다음 자극을 받을 준비를 하게 된다.

7) 신경세포에서 도약전도

말이집으로 둘러싸인 신경세포의 축삭은 전기적인 전도가 랑비에결절(node of Ranvier)에 존재하는 이온 통로를 통해서 일어난다. 신경 전도는 말이집으로 싸여 있는 축삭 부분을 넘어서 소듐 이온(Na^+) 통로가 존재하는 랑비에결절을 따라 도약점프를 하며 빠른 전도가 일어난다. 덕분에 말이집이 있는 유수신경세포는 말이집이 없는 무수신경세포보다 더욱 빠르고 에너지 손실이 적은 전도가 가능하다.

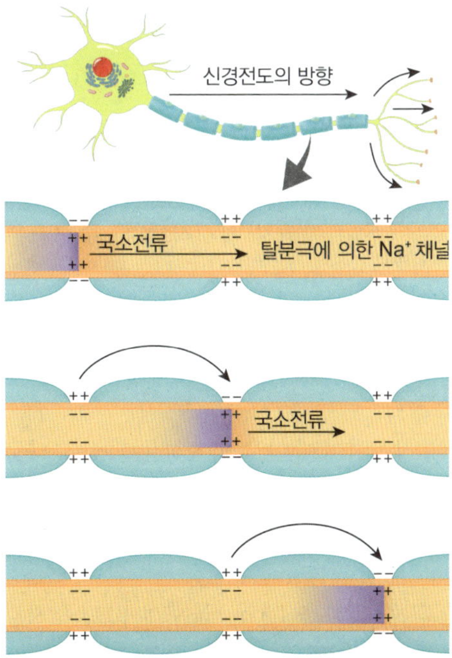

[신경세포의 도약전도]

3장

신경계통의 발달

1. 임신

사람의 임신 기간은 약 40주이다. 임신 기간은 마지막 월경 시작일로부터 280일, 수정된 날로부터 266일 동안을 의미한다. 수정 전 난자를 만들어내는 기간을 첫 2주 포함하여 일반적으로 280일이라고 이야기한다.

본격적인 임신은 착상이 이뤄지며 시작된다. 수정란은 난할을 계속하며 수란관을 따라 자궁으로 이동하여 수정이 이루어지고 일주일 정도면 자궁 내벽에 착상한다. 자궁에 착상한 수정란은 약 9개월 동안 자궁 내벽에서 영양을 공급받으며 성장한다.

수정란이 자궁에 착상하여 태아로 발육하는 과정은 다음과 같다.

초기 1~3개월의 태아는 키는 1~6cm, 몸무게는 1g에서 10~20g으로 늘어난다.

4개월 태아는 크기는 약 11~13cm, 몸무게 100g로 자라나며, 외관상으로 남녀 구분이 가능하다.

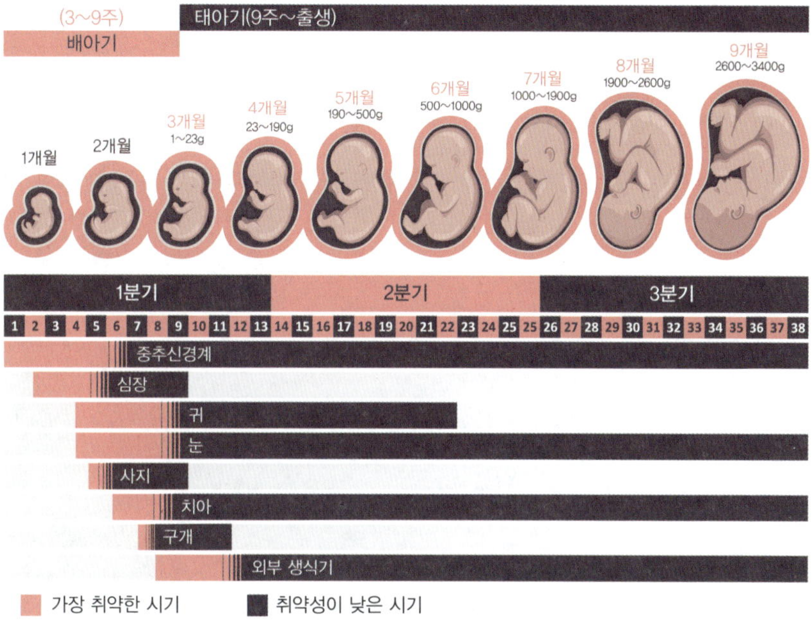

[태아의 성장과정]

5개월이 되면 태아의 길이는 약 16~18cm, 몸무게 300g으로 성장한다. 심장박동이 강해지고, 망막이 발달이 활발히 이루어진다.

6개월의 태아는 약 20~30cm, 몸무게 500~600g로 자라난다. 이 시기에는 청각이 발달한다.

7개월이 된 태아는 이제 키는 약 36~39cm, 몸무게 900~1,000g로 성장한다. 낮과 밤을 구분하고, 엄지손가락을 빨기 시작한 모습이 관찰된다.

8개월의 태아는 키는 40~43cm, 몸무게는 1.5~1.8kg에 이른다. 체중과 무게가 많이 증가했기 때문에 엄마의 배 속에서 공간이 좁아지기 시작한다. 이 시기에는 폐가 완성되며 폐로 호흡하는 연습을 하는 시기이며, 머리가 아래로 향하며 배 밖으로 나갈 준비를 시작한다.

9개월 태아의 키는 약 45~48cm, 몸무게는 2.3~2.6kg이다. 이 시기에는 감각이 완성되고, 표정이 생긴다.

10개월이 되어 바깥으로 나갈 준비를 모두 마친 아기의 키는 48~50cm, 몸무게는 3~3.4kg이다. 이제 아기는 엄마를 만날 준비를 마치고 밖으로 나온다.

2. 발생

1) 배아의 발생

① 난할

수정이 되면 배아에서 빠른 세포 분열이 일어나는데 이것을 **난할**(cleavage)이라고 한다. 난할은 세포 분열에서 DNA 합성과 유사분열만을 거치며, 단백질 합성이 일어나지 않는다. 따라서 질량의 증가 없이 작은 세포로 나뉘게 된다. 여러 차례 세포 분열하여 128세포가 되면 가운데 액체로 가득한 **할강**(blastocoel)이 생기는데 이 시기의 배아를 **포배**(blastula)라고 한다.

② 개구리의 난할

투명한 수정란을 가진 양서류는 발생을 연구하기에 적합하다. 개구리와 같은 양서류의 난할을 살펴보면 식물극(vegetal pole)과 동물극(animal pole)을 확인할 수 있다. 배아에는 영양물질이 축적된 난황(yolk)이 존재하며, 이 난황의 농도가 높은 곳을 식물극이라고 부르고 그 반대쪽을 동물극이라고 부른다. 개구리의 경우 접합자에서 불균등하게 분포하고 있는 난황 때문에 난할이 불균등하게 일어난다. 따라서 8세포기의 모습을 보면 동물극에 가까운 4개의

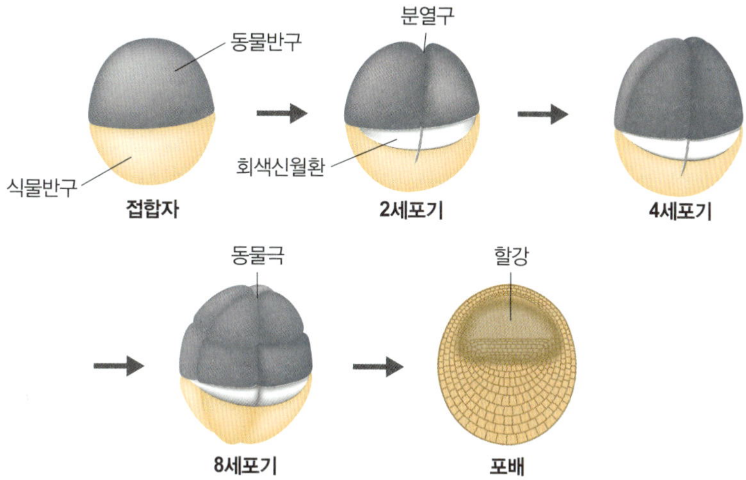

[개구리 배의 난할]

세포가 나머지 4개의 세포보다 더 작다.

양서류 종에는 식물극과 동물극 사이에 **회색신월환**(gray crescent)이 나타나는데, 이 부위는 정자가 들어온 지역의 반대편에 있으며 발달을 거쳐 배아의 등쪽이 된다.

2) 배엽의 발생

포배기(blastula stage) 이후, 세포 분열 속도가 급격하게 느려지며 세포는 나중에 형성할 조직이나 기관이 될 새로운 위치로 이동한다. 이 시기를 낭배기(gastrula stage)라고 한다.

낭배기에는 원구 부분에서 세포들이 안으로 함입되어 들어가며, 안쪽에는 소화관으로 발달하는 원장이 형성된다. 낭배 형성으로 생겨난 세포층은 배엽(germ layer)이라고 부른다. 바깥쪽 층을 형성하고 있는 외배엽(ectoderm), 가장 가운데층을 형성하는 내배엽(endoderm), 그리고 외배엽과 내배엽 사이에 있는 중배엽(mesoderm)이 존재한다.

외배엽(ectoderm)의 세포들은 나중에 중추신경과 말초신경 등의 신경세포와 신경섬유와 같은 신경계로 발생이 시작된다. 또한 시각, 청각, 미각, 후각, 평형감각 등의 감각상피조직과 손톱, 발톱, 모발, 한선, 유선 및 피부의 표피는 외배엽에서 분화한다.

내배엽(endoderm)에서는 소화에 관여하는 상피 조직과 위, 장, 간, 췌장 등의 소화계 형성이 이루어진다. 또한 후두, 기관, 기관지, 폐 등의 호흡 상피와 같은 호흡계의 분화가 일어난다. 그리고 비뇨계에 해당하는 방광, 요도 등 비뇨 기관의 발생이 시작된다.

중배엽(mesoderm)은 뼈, 연골, 골격근 등 결합조직과 근육계의 세포로 분화한다. 또 다른 부분의 중배엽은 성장하면서 혈액, 혈관, 림프관, 비장, 심

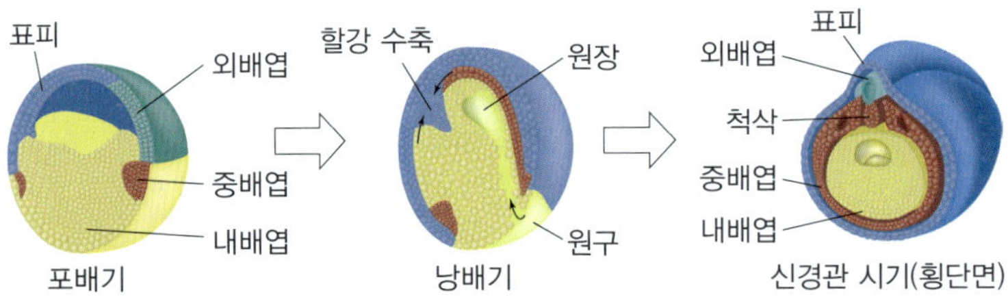

외배엽(배의 외층)	중배엽(배의 중간층)	내배엽(배의 내층)
• 피부의 상피와 그 파생물들 (땀샘, 모낭 등) • 신경계, 감각계 • 뇌하수체, 부신수질 • 턱과 치아 • 생식세포	• 골격, 근육계 • 순환, 림프계 • 배설, 생식계(생식세포 제외) • 피부 진피 • 부신피질	• 소화계의 상피와 부속기관 (간, 이자 등) • 호흡, 배설, 생식관 등의 상피 • 흉선, 갑상샘, 부갑상샘

[배엽의 형성(위), 배엽에서 유래되는 주된 구조(아래)]

장, 장막 등으로 이루어진 순환 및 림프계를 형성한다. 또한, 생식세포를 제외한 정관, 난관, 자궁, 질, 요관 등의 비뇨생식기관 역시 중배엽에서 발생한다.

3) 기관 형성

신경관 형성 과정을 통해 척추동물에서 뇌와 척수의 형성이 시작된다. 신경배 형성은 중배엽 세포들이 모여서 척삭(notochord)을 형성하기 시작하는데, 척삭은 그리스어 끈이라는 말에서 유래되었다. 발생 초기 배아의 소화관 등쪽에 위치하는 세로로 늘어선 막대 모양의 지지기관이다. 사람의 경우 척삭이 태아 때는 존재하지만, 자라면서 사라진다.

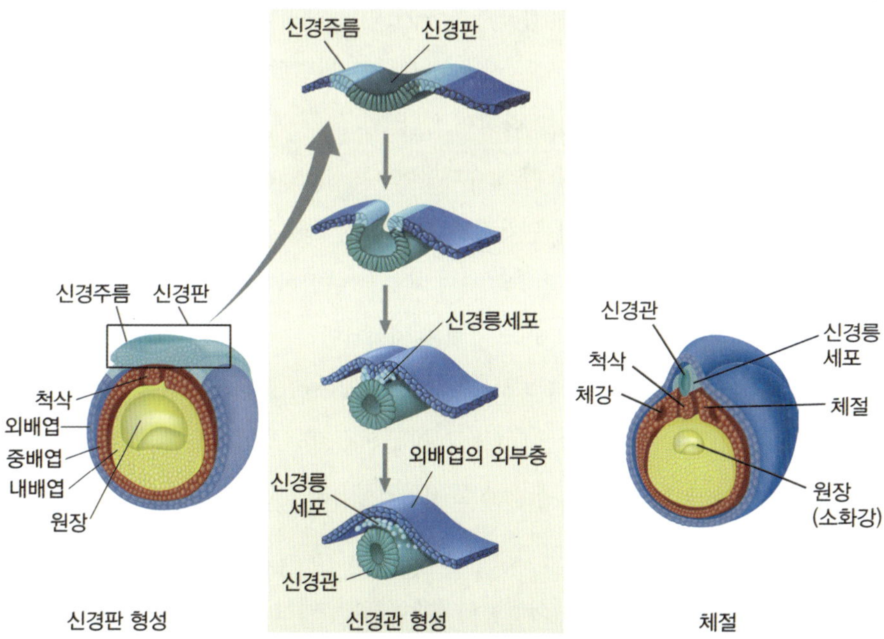

[신경관 및 신경릉세포의 형성]

척삭의 발달로 외배엽이 두꺼워지며 신경판이 형성되고, 세포들의 모양이 변하면서 안쪽으로 굽어지며 **신경주름**(neural fold)이 생긴다. 더욱 구부러진 신경주름은 외배엽에서 분리되어 **신경관**(neural tube)을 형성한다. 신경관은 머리 쪽에서 뇌로, 뒤쪽 몸에서는 척수로 분화한다.

신경관이 형성되는 과정에서 외배엽으로부터 떨어져 나오는 경계면을 따라 **신경릉세포**(neural crest cell)가 띠를 만들어낸다. 신경릉세포는 말초신경, 치아, 머리뼈 등 다양한 부위로 발전한다.

척삭의 긴 축을 따라 옆으로 **체절**(somite)이 형성되어 있는데, 체절 세포들은 척추, 갈비뼈, 그리고 이곳에 붙는 근육을 형성한다.

4) 세포의 전능성

발생의 과정을 살펴보면 정자와 난자가 만나 수정되어 하나의 성체가 된다. 그 과정에서 수정란이 모든 세포의 형태로 발달할 수 있는 능력이 과연 어느 정도 수준인지 궁금해 한 사람이 있다.

1908년 독일의 동물학자 한스 슈페만(Hans Spemann)은 발생에 과정을 확인하기 위하여 도롱뇽의 배아를 가지고 실험을 진행했다. 수정된 도롱뇽의 접합자는 난할 과정을 거치는데, 두 개의 세포로 난할이 일어난 단계에서 슈페만은 수정란을 두 개로 분리하여 발생을 지켜보았다. 이때 두 할구에는 각각 회색신월환이 골고루 나누어 들어가고 모두 정상적인 개체로 성장했다.

슈페만은 이번에는 다른 동일한 실험에 인위적인 조작을 가했다. 수정된 도롱뇽의 접합자를 자를 때 한쪽에는 회색신월환이 들어가도록 하고, 반대쪽에는 회색신월환이 들어가지 않도록 할구를 두 개로 분리하였다. 그러자 새로운 결과가 나왔는데, 회색신월환이 들어간 할구에서는 정상적인 발생이 일어났으나, 회색신월환이 들어가지 않은 할구에서는 정상적인 발생이 이루어

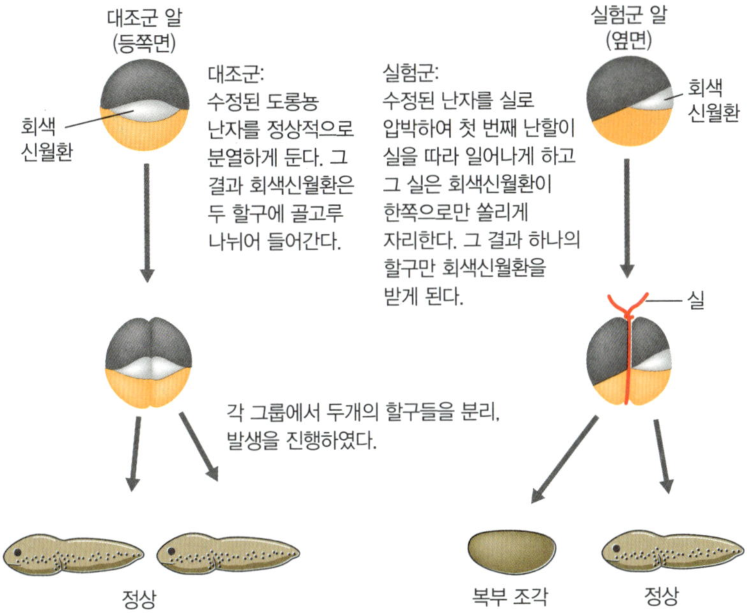

[슈페만의 도롱뇽 접합자 분리 실험, 회색신월환이 골고루 들어간 할구의 정상 발생(좌), 회색신월환이 들어가지 않은 할구의 비정상적인 발생(우)]

지지 않고 세포 덩어리인 복부조각으로만 남았다.

이 연구를 통해 슈페만은 도롱뇽의 접합자가 모든 세포 형태로 발달할 수 있는 능력인 **전능성**(totipoten)을 가지고 있는 것을 알게 되었다. 그리고 접합자를 정상적인 성체로 성장시키는 결정인자가 회색신월환에 있다는 것도 밝혀내었다.[1]

5) 신경유도

1924년 슈페만 박사와 그의 제자인 맹골드(Hilde Mangold) 박사는 도롱뇽의 배아를 이용한 또 하나의 재미난 실험을 진행하였다. 도롱뇽의 초기 낭배시기에는 세포의 일부가 안으로 함입이 일어나며 구멍이 생기는데, 이곳을 원구라고 한다. 두 사람은 원구의 윗부분인 원구배순부의 일부를 다른 배아에게 이식하는 수술을 진행한다. 그리고 두 배아를 구분하기 위해 공여 배아는 색소를 넣어주어 두 배아의 색을 다르게 했다.

실험 결과를 살펴보면 흥미롭게도 이식을 받은 배아에는 두 개의 척삭과 신경관이 형성된다. 이중 첫 번째 척삭과 신경관은 배아의 세포에서 형성된다. 두 번째 척삭은 색소를 띤 이식된 세포이고, 두 번째 신경관은 색소가 없는 세포로 이루어져 있다. 즉, 이식된 원구배순부의 세포가 척삭을 형성하고 이식 받은 배아에서 세포 유도를 통해 제2의 신경관을 형성한 것이다. 한스 슈페만 박사는 발생과정 중 형성체에 의한 유도 작용 연구를 인정받아 1935

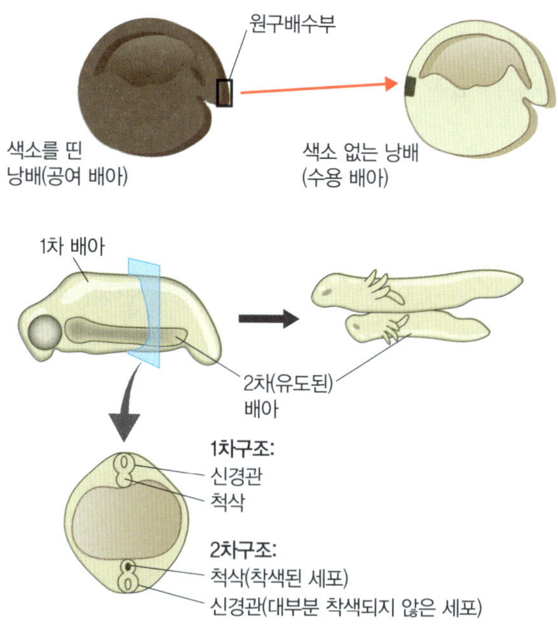

[원구배순부의 이식 실험(위), 이식된 원구배순부에서 형성된 2개의 척삭과 신경관 구조(아래)]

년 발생분야에서 최초로 노벨 생리의학상을 받았다.[2]

슈페만 박사의 새로운 발견 이후로 많은 학자들은 발생에서 유도 기작을 연구하기 시작한다. 그리고 다양한 유도 신호가 척삭, 신경관의 바닥판(floor-plate)과 지붕판(roof plate) 그리고 등 쪽 외배엽에서 확인된다. 등 쪽 외배엽과 지붕판 부위에서는 레티노산(retinoic acid), 노긴(Noggin), 도르살린(dorsalin) 및 TGF 패밀리(TGF family, transforming growth factor family)와 같은 다양한 신호가 생성된다.

척삭과 바닥판에서 생성되는 신호는 소닉 헤지호그(sonic hedgehog, shh), 노긴(noggin), 코르딘(chordin) 및 레티노산(retinoic acid) 등이 있다. 이 신호는 특정 발현을 유도하는데, 예를 들어 손가락과 발가락을 자라게 하는 '소닉 헤지호그'가 가장 많은 곳은 새끼손가락이 되고 가장 적은 곳에서 엄지손가락이 형성된다.

레티노산 역시 배아의 전뇌 발생을 위한 유전자 발현을 활성화한다. 레티노산은 소량 섭취 시에 정상적인 마우스의 뇌가 형성되지만, 만약 레티노산의 결핍이 생기면 비정상적인 기형뇌가 형성된다.[3]

정상 발달을 위해 필요한 레티노산의 중량은 0.00025mg/g(모체중량)으로 매우 적은 양이지만 그 소량이 부족하면 기형뇌로 발달한다. 놀랍게도 뇌형성이 이루어지는 일정시기 이내에 다시 필요한 양의 레티노산이 제공되면 정상적인 뇌발달이 이루어진다. 그러나 이러한 결정적 시기가 지나면, 이후에 레티노산을 다시 공급하더라도 정상적인 발달로 회복되지 않는다.

6) 신경세포의 이주

신경세포는 신경관에서 방사형으로 배치되어 있는 신경아교세포(glial cell)를 따라 이주(migration)한다. 이동하는 신경세포는 방사상의 신경아교세포와 밀접하게 연관되어 있는데, 피질에서 최종 위치로 안내하는 역할을 한다. 또

일부 신경세포는 비 방사성으로 이동하는데, 이러한 방법을 통해 더 넓은 분산 이동이 가능하다. 신경세포는 방사상 신경아교세포를 통해 이동한다. 방사상 신경아교세포의 표면에서는 신경세포가 움직이는 데 사용한 세포 접착 분자가 발견된다.[4]

7) 축삭 가이드 기작(Axon-guidance mechanisms)

신경세포는 어떤 방법으로 다른 신경세포를 찾아가며 뇌 안에서 움직여 나갈 수 있을까? 신경세포가 성장하면서 바른 방향으로 이동하고 시냅스를 형성하도록 유도하는 축삭의 끝부분을 성장원뿔(growth cone)이라고 한다. 연구를 통해 축삭의 다발형성(fasciculation)과 그 과정에 영향을 주는 유도 신호(guidance cues)를 발견했다. 다른 신경세포를 찾아가는 일은 개척자 역할을 담당하는 선구자 축삭(pioneer axon)에 의해 일어나며 다양한 물질이 축삭의 형성을 촉진한다.

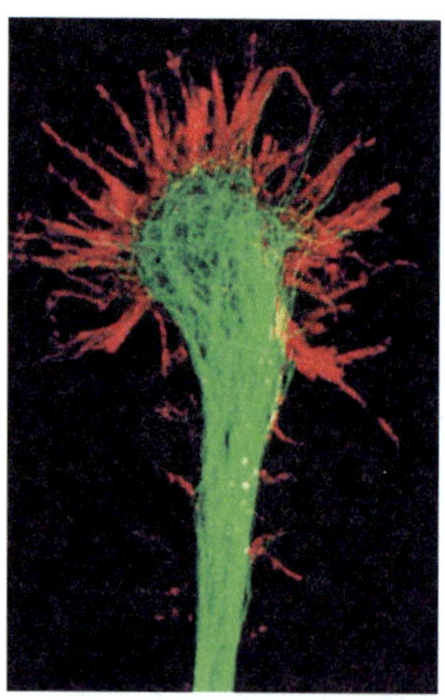

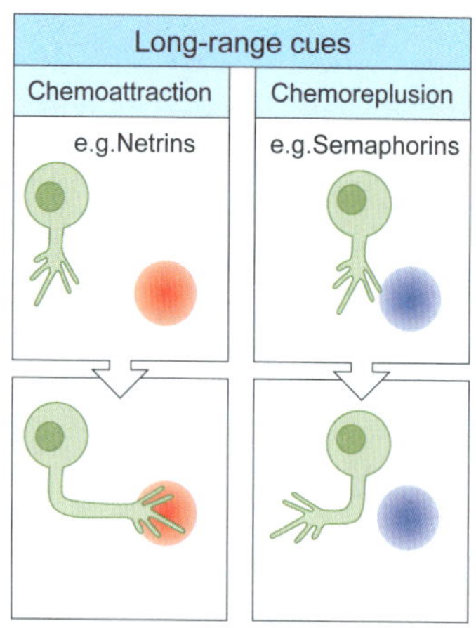

[손바닥 모양으로 성장 중인 성장 원뿔(Growth cone)(좌), 주화성물질에 따라 성장하는 신경세포의 성장 원뿔 모습(우)]

주화성(chemotaxis)은 주변의 화학 물질에 반응하는 생물체의 움직임을 말한다. 주화성 물질(chemotropic agents)이 성장원뿔에서 분비되며, 이를 통해 축삭은 서로의 접착력을 조절한다. 선구자 축삭은 표면에 신호를 분비하여 후속 축삭이 따라갈 발판을 만든다.

최초로 밝혀진 축삭 유도 물질은 척수의 배쪽에서 분비되는 네트린(netrin)이라는 물질이다. 네트린은 양성 주화성을 가지고 있어서 네트린이 분비되는 위치로 축삭이 이동하도록 유도한다. 이후에 네트린과 반대로 분비되는 위치에서 멀어지도록 유도하는 슬릿(slit), 세마포린(semaphorine)이라는 물질도 발견되었다.

8) 신경릉세포에서의 척수신경 형성과정

임신하면 여러 가지 비타민을 챙기도록 권장하는데, 그중에 반드시 필요한 물질은 바로 **엽산**(folic acid)이다. 엽산은 비타민 B 복합체의 하나로 태아의 발생에 중대한 영향을 미치는데, 부족하면 신경관 결손, 심장 기형 등의 문제가 발생할 수 있다. 태아의 기관 형성은 수정이 되고 나서 17일 전후에 시작하여 수정 후 22일이 되면 심장이 형성되고 28일이면 신경관이 완성된다. 이러한 이유로 임신을 확인한 4~5주 경에 엽산을 복용하기 시작하면 신경관은 물론 태아의 심장과 척추가 형성된 이후가 되어 기형 예방의 효과가 떨어진다. 만약 임신을 계획하고 있다면 미리 엽산 복용을 시작하는 것이 좋다. 다만 항생제, 피임약, 호르몬제 등과 함께 복용하면 엽산의 체내 저장 효과가 떨어질 수 있으므로 복용하는 약이 있는 경우에는 사전에 담당 의사와의 상담이 필요하다.

3. 결정적 시기

발생은 배아가 생긴 아주 초기부터 진행된다. 발생 초기에는 뇌를 비롯한 중추신경계가 형성되기 시작하고, 곧바로 심장이 형성된다. 그다음으로 눈과 귀와 같은 감각기관이 형성되고 점차 생명체의 모습으로 자리 잡기 시작한다. 하지만 중요한 발생 시기에 문제가 생기는 경우가 있다. 문제가 발생하는 시기에 따라 발생 자체가 이루어지지 않거나, 심각한 선천성 기형을 유발하기도 한다.

1) 태생기 전반의 선천성 기형

중추신경계의 선천성 기형은 일반적으로 발생이 시작하는 초기에 정상적인 발달이 이루어지지 않을 경우 발생한다. 중추신경계의 장애를 일으키는 요인은 매우 다양하고, 기형 발생 원인의 60% 이상은 아직 밝혀지지 않았다. 약 20~30% 정도는 염색체 결함이나 돌연변이 같은 유전자 이상으로 발생한다. 그 외에는 바이러스 등에 의한 태반 내 감염, 비소, 수은 등의 중독으로 인한 환경적인 원인에 의해 발생한다. 그 가운데 많은 피해자가 발생했던 사건이 있는데 바로 탈리도마이드 사건이다.

1957년에 독일의 제약회사 그뤼넨탈(Grunenthal)에서 입덧에 효과가 좋은 진정제로 **탈리도마이드**(thalidomide) 성분의 약품 탈로마이드(Thalomid)를 출시한다. 이 진정제의 효과가 알려지면서 많은 임산부가 복용을 시작한다. 하지만 열 달이 지나 태어난 아이들의 모습은 정상적인 모습이 아니었다. 팔이나 다리가 제대로 성장하지 않은 모습의 아이들이 태어났고, 그 수가 1만 2천 명에 달했다. 몇 년 후 탈리도마이드가 발생에 치명적인 영향을 미친다는 것이 밝혀지며 판매가 중단되었지만, 수천 명의 탈리도마이드 피해자들은 지금까지

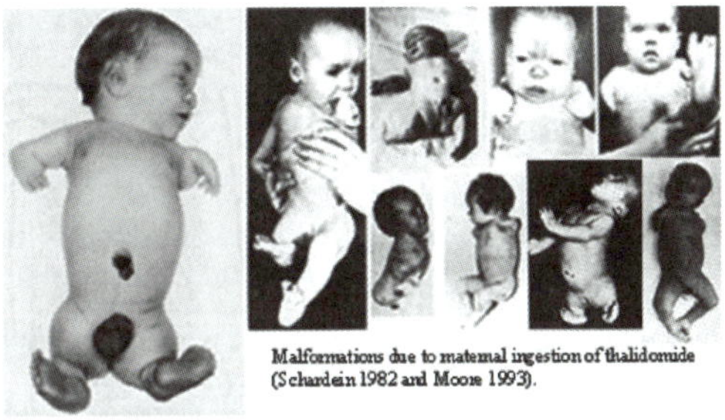

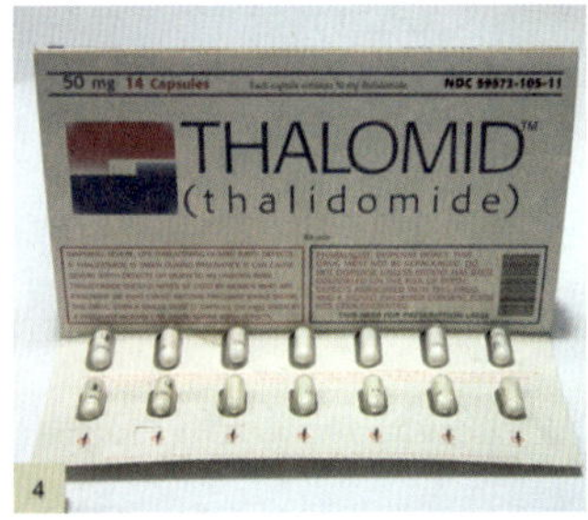

[팔 형성이 일어나지 않은 탈리도마이드 피해자의 모습(좌), 탈리도마이드 성분의 약품 탈로마이드(Thalomid)(우)]

(출처: Stephencdickson, CC BY-SA 4.0, via Wikimedia Commons)

도 심각한 후유증을 안고 살아가고 있다.

이 사건은 태생기 전반에 발생하는 문제가 기관 형성에 치명적인 영향을 준다는 강력한 증거가 된다. 태생기 전반에 장애가 일어나면 두개골, 경막, 두개골 봉합 이상 등에 의한 형태 이상이 나타나며, 소뇌증, 뇌척수류, 무뇌회증, 소다뇌회증, 뇌량무형성증 등이 발생할 수 있다.

2) 태생기 후반의 선천성 기형

발생 초기뿐만 아니라 발생 후기에도 다양한 발달의 문제가 일어날 수 있다. 장애를 일으키는 요인, 형성 부위에 따라 다르며 기형 및 결손이 심한 경우는 유산되거나 출생해도 오랫동안 생존하지 못한다. 가벼운 경우는 생존하지만 정신지체(mental retardation)나 뇌성마비(cerebral palsy)와 같은 중증의 신경 증상을 동반할 수 있다.

태생기 동안에 발생하는 선천성 기형은 매우 다양하다. 그중 몇 가지 질환에 대하여 살펴보자.

① 구순구개열

얼굴에 나타나는 선천성 기형으로 입술이나 잇몸이 벌어진 구순열(cleft lip)과 입천장이 갈라져 있는 구개열(cleft palate), 그리고 두 가지 모두 문제가 발생한 구순구개열이 있다. 이 질환은 우리나라의 경우 약 700~750명에서 한 명이 발생하는 매우 흔한 기형이다. 얼굴의 형성 시기인 임신 4~7주 사이에 입술과 입천장을 만드는 조직이 붙지 못하거나 붙었더라도 유지하지 않고 떨어져서 생기는 갈림증이다.

구순구개열의 발생 원인은 매우 다양하여 아직 모두 밝혀지지는 않았다. 다만 유전적인 요인과 환경적인 요인이 복합적으로 작용하여 발생하는 것으로 보인다. 환경적인 요인으로는 임신 초기의 약물, 엽산과 같은 비타민 부족, 저산소증 등이 원인으로 작용하기도 한다.

• 치료방법

구순구개열은 시기를 나눠서 성형술을 진행한다. 생후 3~6개월 시기에 구순열 수술이 시행되는데, 비정상적인 입술 근육을 이동하여 교정한다. 12~18개월 전후에는 입천장과 구강 안쪽을 재건하는 수술을 진행한다. 이러

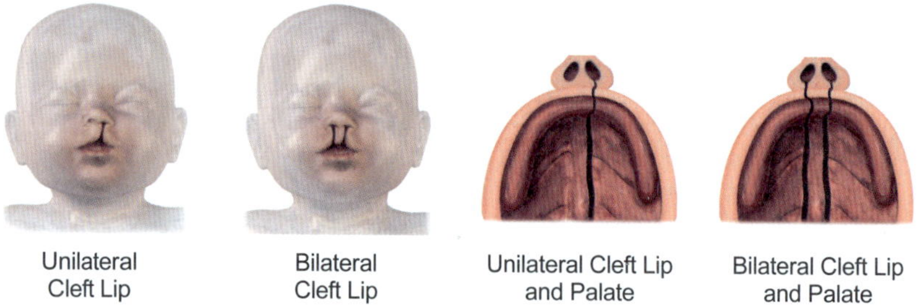

[한쪽 입술이 갈라진 구순열, 양쪽 입술이 갈라진 구순열, 한쪽 입술과 잇몸, 입천장까지 갈라진 구순구개열, 양쪽 입술과 잇몸, 입천장가지 갈라진 구순구개열]
(출처: BruceBlaus, CC BY-SA 4.0, Wikimedia Commons)

한 수술 후에도 흉터가 남거나 발음의 문제가 발생할 수 있기 때문에 3세 이후 언어치료나 추가적인 수술이 필요하기도 하다.

② 무뇌증

무뇌증(anencephaly)은 태아의 신경관이 제대로 형성되지 않아 대뇌와 두개골의 일부가 결손된 채로 태어나는 선천성 기형이다. 주로 임신 초기 신경관이 닫히지 않아 발생하며, 생명 유지가 어려운 중대한 뇌 발달 이상으로 분류된다.

무뇌증은 대뇌 반구가 없거나 흔적으로만 남아 있으며, 뇌를 덮는 두개골이 형성되지 않는 것이 특징이다. 많은 경우 호흡을 담당하는 뇌간(뇌교와 연수)이 존재하기 때문에, 출산 직후 바로 사망하지 않고 몇 시간에서 며칠, 드물게는 수년간 생존하는 사례도 보고된다.

이 질환은 임신 3주 차, 즉 신경관이 형성되는 초기 단계에서 상단이 닫히지 않아 발생한다. 신경이 외부로 노출되면서 신경 물질이 양수로 흘러나오게 되며, 임산부의 혈액 검사에서 태아 알파단백(AFP) 수치가 비정상적으로 높게 나타나 질환을 예측할 수 있다. 정확한 진단을 위해서는 임신 11~12주경 초음파 검사를 실시해 두개골 결손, 작은 머리, 돌출된 눈 구조 등을 확인한다.

• 치료방법

안타깝게도 무뇌증의 정확한 원인은 아직 밝혀지지 않았으며, 현재까지 특별한 치료법은 존재하지 않는다. 그러나 신경관 결손의 일종이므로, 임신 초기에 충분한 엽산을 매일 섭취하는 것이 예방에 도움이 된다.

③ 척추갈림증

이분척추라고도 불리는 척추갈림증(spina bifida)은 발생 과정 중 25~48일

사이 태아에서 일어나는 신경 발생 장애이다. 일반적으로 척추의 뒤쪽에서 결손이 발생하는데 주로 허리와 엉치 부위에 나타나며, 심한 경우 척수와 척수막에 기형이 생기기도 한다. 1,000명 가운데 한 명 비율로 발생하며, 백인과 히스패닉에서 발생빈도가 높고, 여성에서 높게 발생한다. 발생위험인자가 엽산 부족이기 때문에 예방을 위하여 임신 초기에 매일 충분한 엽산 섭취가 필요하다.

척추갈림증보다는 심각하지 않지만 딤플(dimple)이 발생하는 경우도 있다. 일명 엉덩이 부분의 보조개라고 불리는데, 천골이나 엉덩이골 부분이 함몰하는 것으로 인구 약 5%에서 발생한다. 딤플 발생의 10% 정도 빈도로 발목 마비, 신경성 방광, 보행 장애 등의 척수 기형 질환이나 신경 기형으로 이어질 수 있다. 특히 항문에서 위치가 멀고 털이 있는 경우는 더욱 정확한 검사가 필요하다.

• 치료방법

증상이 없거나 경미한 경우는 별도의 치료가 필요하지 않다. 그러나 척수

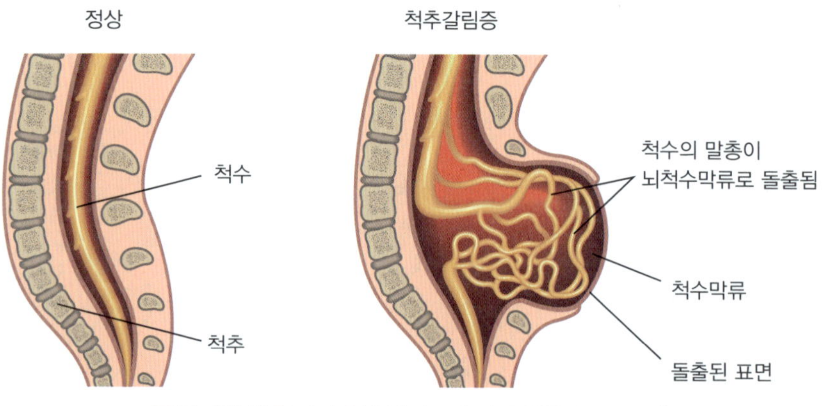

[일반적인 척추(좌)와 척추갈림증에 걸린 척추의 모습(우)]

가 노출된 경우에는 신경 손상, 척수 압박, 감염 등의 위험이 있으므로 신생아에게 수술을 시행하여 척추 결손 부위를 봉합하고 신경 손상을 예방한다.

④ 수두증

뇌척수액이 뇌 안에 비정상적으로 축적되는 질병을 수두증(hydrocephalus)이라고 한다. 뇌 안에는 뇌와 척수에 존재하는 무색투명한 액체인 뇌척수액(cerebrospinal fluid, CSF)이 있으며, 이 액체는 한자리에 있지 않고 매일 일정량이 뇌실에서 생성되며 뇌와 척수 주변을 순환한다. 정상적인 성인의 경우, 하루 약 500mL의 뇌척수액이 생성되어 뇌와 척수 주변을 순환한다.

뇌척수액은 외부 충격으로부터 뇌를 보호하는 완충 역할을 하며, 호르몬과 노폐물의 운반에도 중요한 기능을 한다. 그러나 뇌척수액이 과도하게 생성되거나, 순환 경로가 막히거나, 흡수에 문제가 생기면 두개내압이 상승하여 심각한 문제를 초래할 수 있다.

어린아이, 특히 두개골이 닫히지 않은 생후 1년 미만의 영아에게 수두증이 발생하면, 머리의 크기가 매주 2cm씩 증가하며, 잘 먹지 못하고 눈동자가 아래를 향하는 증상 등이 나타날 수 있다.

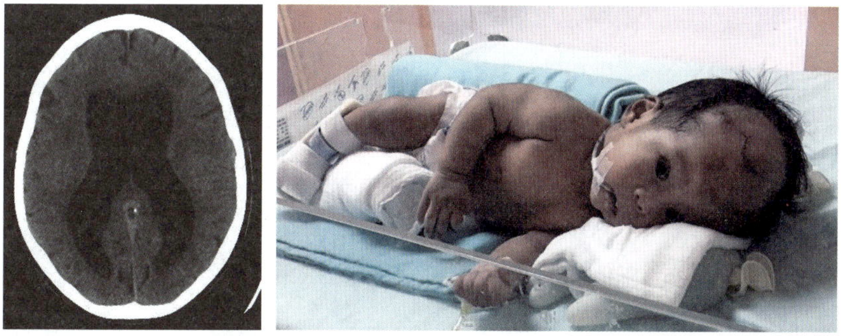

[뇌실이 커진 수두증 환자의 뇌 CT(좌), 머리가 점진적으로 커진 어린 수두증 환자의 모습(우)]
(출처: Lucien Monfils, CC BY-SA 3.0, Wikimedia Commons(좌), Syed Ikhwan, CC BY 2.0, Wikimedia Commons)

수두증은 소아에서 발생하는 것으로 알려져 있지만, 성인에서도 나타날 수 있는 질환이다. 특히 성인의 경우, 기억력 저하, 보행 이상 등으로 인해 치매로 오인하여 병원에 찾았다가 수두증을 진단받는 사례도 있다.

• 치료방법

조기에 수술을 통해 뇌척수액을 빼내면 정상 기능으로 회복될 수 있지만, 일반적으로 수술에는 합병증의 위험이 따른다. 수술 후에도 뇌압이 조절되지 않으면 하지 마비, 보행 장애, 균형 장애 등 운동 기능이 손상될 수 있으며, 전두엽 기능 손상으로 인해 감정 조절 문제, 기억력 저하, 지능 저하 등의 인지 기능 장애가 동반될 수 있다.

3) 임신 전 생활습관

① 약물

임신초기, 특히 임신 3개월 이전의 약물 복용은 태아의 사망이나 선천적 기형의 주요 원인이 될 수 있다. 특히 중추신경계에 영향을 미치는 약물은 태아의 발달에 심각한 문제를 일으킬 수 있다. 따라서 임신을 계획 중이라면, 현재 복용 중인 약물에 대해 반드시 의사와 상의하여 임신을 준비해야 한다.

② 술

술은 임신에 치명적인 영향을 미친다. 지속적인 알코올의 섭취는 수정 능력을 현저하게 저하시킨다. 여성의 경우 일주일에 1잔 이상의 음주만으로 수정 능력이 50% 감소할 수 있다. 남성의 경우도 정자의 농도, 양, 운동성이 모두 감소한다. 무엇보다, 임신 중 만성적인 음주는 태아의 성장 지연, 지적장애, 안면 기형, 신경계 기형 등을 유발하는 태아 알코올 증후군(fetal alcohol syndrome, FAS)의 주요 원인이 된다. 이로 인해 출생 후에도 지속적인 발달 장애와 학습 장애를 겪을 수 있다.

③ 담배

임신을 준비하는 사람들이 주의해야 할 또 다른 주요 유해물질은 담배이다. 지속적인 흡연은 임신 가능성을 약 50% 감소시키며, 임신을 계획 중이라면 금연에 성공한 후 임신을 시도하는 것을 권한다. 만성적인 흡연 습관을 지닌 여성의 경우 20%만이 금연에 성공하기 때문에, 최소 임신을 준비하기 3개월 전에는 금연하는 것이 바람직하다.

흡연은 남성의 생식 능력에도 영향을 미치며, 하루 4개비의 이상의 담배를 피우는 남성은 정자의 양, 밀도, 운동성이 평균 60% 감소한다. 하루 반 갑(약 10개비) 이상 담배를 피우는 여성은 자연유산, 태아 발육 지연, 태반 조기 박리, 영아 돌연사 증후군 등의 위험이 증가한다. 특히 배우자의 간접흡연 또한 저체중아 출산 위험을 2배 이상 높이기 때문에, 부부 모두의 금연이 필수이다.

④ 카페인

카페인 역시 임신 중 섭취를 주의해야 하는 대표적인 물질이다. 과도한 카페인 섭취는 자궁과 태반 내 혈관을 수축시켜 태아에게 산소와 영양분 공급을 방해하고, 철분 흡수를 저해할 수 있다. 특히, 하루에 두 잔 이상의 커피를 섭취할 경우(카페인 약 200mg), 유산 위험이 2배까지 증가하는 것으로 보고되었다. 카페인은 커피 외에도 초콜릿, 녹차, 콜라 등에도 포함되어 있으므로, 임신 중에는 총섭취량에 주의가 필요하다.

4) 피임

① 피임방법

피임을 떠올릴 때 가장 먼저 생각나는 방법은 콘돔일 것이다. 하지만 이 외에도 다양한 피임 방법들이 존재하며, 각각의 방법은 사용 방식, 효과, 목적에 따라 구분된다.

첫 번째, 콘돔은 대표적인 물리적 피임 방법으로, 성관계 중 정자가 자궁으로 들어가는 것을 차단하여 수정을 방지한다. 성병 예방 효과도 가지고 있어서 널리 사용되는 방법이다.

두 번째, 자연주기법은 여성의 생리 주기와 배란 주기를 관찰하여 임신 가능성이 높은 시기를 피하는 방식이다. 배란일 전후의 성관계를 피함으로써 피임 효과를 얻는 방법이며, 정확한 주기 파악과 자기관찰이 필요하다.

세 번째, 사전피임약은 호르몬(에스트로젠과 프로제스테론)이 포함되어 있어서, 난자의 성숙과 배란을 억제하여 피임 효과를 얻는다. 매일 일정 시간에 복용해야 효과가 유지되기 때문에 규칙적인 복용이 매우 중요하다.

네 번째, 응급피임약(사후피임약)은 성관계 후 피임이 필요할 때 사용하는 약물로, 수정란의 자궁 내 착상을 방해하여 임신을 막는 방법이다. 일반적으로 성관계 후 72시간 이내 복용해야 효과가 있으며, 상시 피임 수단으로는 적합하지 않다.

다섯 번째, 자궁 내 피임장치(IUD)는 자궁 안에 작은 장치를 넣어 자궁 내막에 경미한 염증 반응을 유도하여 착상을 방지한다. 구리와 호르몬으로 된 두 가지 종류가 있으며 장기간 피임이 가능한 장점이 있다.

마지막으로, 영구 불임 시술을 받는 방법이 있다. 남성의 정관을 묶거나 자르는 정관 수술과 여성의 수란관을 묶거나 자르는 난관 수술을 통해 정자와 난자의 만남을 차단하는 방법이 있다. 이 방법은 되돌릴 수 없으므로 신중한 결정이 필요하다.

② 피임약

사전피임약은 난자의 성숙과 배란을 억제하여 임신을 예방하는 호르몬 기반 피임법이다. 약을 복용함으로써 호르몬 수치를 인위적으로 조절하여 생리주기를 조절한다.

복용 시기와 방법이 중요한데, 월경 시작일로부터 5일 이내에 복용을 시작해야 피임이 가능하다. 일반적으로 21정 타입이 사용되고, 매일 같은 시간에 1정씩 21일 동안 복용한다. 21정을 모두 복용한 후, 7일간은 복용을 중단하는 기간을 가진다. 이때 약간의 출혈이 발생한다. 계속해서 피임을 유지하고 싶다면 8일째 되는 날에 다시 새로운 약을 복용해야 피임 효과가 지속된다.

사전피임약은 합성 에스트로젠과 프로제스테론이라는 두 가지 여성호르몬이 주성분이다. 에스트로젠은 여포에서 분비되는 호르몬으로, 뇌하수체 전엽에서 분비되는 여포 자극 호르몬(FSH)의 분비를 억제하여 다른 여포의 성숙과 배란을 억제한다. 프로제스테론은 황체에서 분비되는 호르몬으로, 배란을 억제하고 여포도 성숙을 방해하며, 자궁경부 점액을 점성으로 변화시켜 정자의 통과를 어렵게 한다. 또한 자궁내막의 증식을 억제하여 수정란의 착상을 방지한다.

따라서 합성 에스트로젠과 프로제스테론이 함유된 사전피임약을 복용하

[사전피임약의 복용 일정]

면 효과적으로 배란이 억제되고, 수정 및 착상이 어렵게 되어 효과적인 피임이 가능하다.

③ 응급피임약(사후피임약)

응급피임약은 프로제스틴(progestin)의 일종인 레보노제스트렐(levonogestrel)을 주성분으로 한다. 이 성분은 자궁내막의 증식을 억제하고, 이미 형성된 자궁내막을 탈락시켜 수정란이 자궁내막에 착상하지 못하도록 한다.

배란기는 일반적으로 배란일 전 5일에서 배란일 후 1~2일에 해당하며, 이 시기에 성관계를 가진 경우 응급피임약을 복용하면 원치 않는 임신을 예방할 수 있다. 응급피임약은 일반 피임약보다 약 10배 높은 농도의 호르몬을 함유하고 있으므로 의사의 처방이 필요하며, 가능한 한 빨리 복용하는 것이 중요하다. 성관계 후 24시간 이내 복용 시 약 95%, 48시간 이내 복용 시 약 80%, 72시간 이내 복용 시 약 60%의 피임 효과를 보인다.

④ 자궁 내 장치

자궁 내 장치(intrauterine device, IUD)는 임신을 예방하기 위해 자궁 안에 삽입하는 T자형의 작은 장치이다. 플라스틱으로 만들어져 있으며, 구리가 감겨 있는 형태와 호르몬을 분비하는 형태의 두 가지 종류가 있다. 구리 삽입형 IUD는 자궁내막에 경미한 염증 반응을 일으켜 수정란의 착상을 방지한다. 호르몬 분비형 IUD는 레보노르제스트렐을 방출하여 자궁내막을 얇게 만들어 착상을 방지하고, 동시에 배란을 억제한다. 자궁 내 장치는 장치의 종류에 따라 3~5년 동안 피임 효과를 유지할 수 있어 장기간 사용이 가능하다.

⑤ 피임약의 영향

피임약을 복용하면 호르몬의 변화로 인한 여러 생리적·심리적 영향이 나타날 수 있다.

첫 번째로 신체적 부작용이 발생할 수 있다. 피임약 복용 초기에는 메스꺼움, 부종, 유방 팽만감 및 통증 등의 증상이 나타날 수 있다. 또한 흔한 부작용으로 점상출혈(소량의 출혈), 주기적 출혈 변화, 무월경, 체중 변화, 두통 등이 발생할 수 있다.

두 번째로 생식기관에 영향을 미친다. 피임약 복용은 난소의 배란 기능을 일시적으로 억제하지만, 일반적으로 복용을 중단하면 정상적인 생리 주기로 회복된다. 복용 중단 후 첫 번째 생리주기에서 약 75%의 여성에게 배란이 회복되며, 대부분은 세 번째 주기 내에 정상적인 배란이 재개된다. 그러나 약 2%의 여성은 몇 개월에서 수년간 무월경 상태가 지속될 수 있으며, 이 경우에는 의학적 상담이 필요하다.

장기간 피임약을 복용할 경우 자궁경부가 두꺼워지거나 작은 폴립(polyp)이 형성될 수 있으며, 이로 인해 자궁내막의 변화로 출혈량이 감소할 수 있다. 또한 에스트로젠의 작용으로 유방이 커지거나 유즙 분비가 변화하기도 한다.

세 번째로 정신적인 영향을 미친다. 피임약에 함유된 호르몬은 감정 변화에도 영향을 미칠 수 있다. 일부 여성은 우울감, 불안, 긴장, 공포감 등의 정서적 변화를 경험하기도 한다.

네 번째는 혈액과 순환계에 영향을 준다. 특히 피임약 복용은 혈전 형성 위험을 증가시킬 수 있다. 따라서 심혈관 질환이나 뇌혈관 질환이 있는 여성은 피임약 복용을 피하고 다른 피임 방법을 선택하는 것이 바람직하다.

또한 피임약의 성분 중 에스트로젠은 혈중 중성지방을 감소시키고, LDL(저밀도 지질단백)을 낮추며, HDL(고밀도 지질단백)을 높이는 긍정적인 대사 작용을 보인다. 반면 프로제스틴은 이에 반대되는 대사 작용을 나타낸다.

마지막으로 피임약은 피부에 영향을 미치는데, 피부 색소 침착을 증가시키거나 여드름을 악화시킬 수 있다. 그러나 최근에는 호르몬 함량이 낮은 저용량 피임약이 개발되어 이러한 피부 부작용이 크게 감소하고 있다.

4. 신경가소성

신경가소성(neuroplasticity)이란 뇌의 신경세포와 신경망이 경험이나 학습, 손상 등에 따라 구조적·기능적으로 변화할 수 있는 능력을 말한다. 이 용어는 1890년 미국의 심리학자 윌리엄 제임스(William James)가 그의 책 『심리학 원론(Principles of Psychology)』에서 처음 언급하였다. 그는 인간의 뇌가 출생 후에도 새로운 신경세포가 자라고 연결이 형성될 수 있다고 주장하였다.

1970년대까지는 사람의 뇌가 출생 이후에는 거의 고정된 구조와 기능을 유지한다고 여겨졌다. 그러나 1980년대 동물 실험 연구를 통해, 출생 후에도 신경세포가 새로 만들어질 수 있음(신경세포 신생)이 증명되었다. 특히 항우울제 계열 약물이 해마(hippocampus), 편도체(amygdala), 내측두엽(medial temporal lobe) 부위에서 신경세포 재생을 촉진한다는 사실이 밝혀졌다.

이 시기에는 신경가소성이 **결정적 시기**(critical period)에만 일어나는 현상으로 생각되었으나, 이후 연구를 통해 성인기 이후에도 일정 수준의 신경세포 재생과 신경망 재조직화가 가능함이 밝혀졌다.

예를 들어, 어린 시절 언어중추에 손상이 발생한 경우, 뇌의 반대쪽 반구가 언어 기능을 대신 수행하는 현상이 나타난다. 이는 뇌가 손상된 기능을 보완하기 위해 신경회로를 재조직하는 신경가소성의 대표적인 예이다.

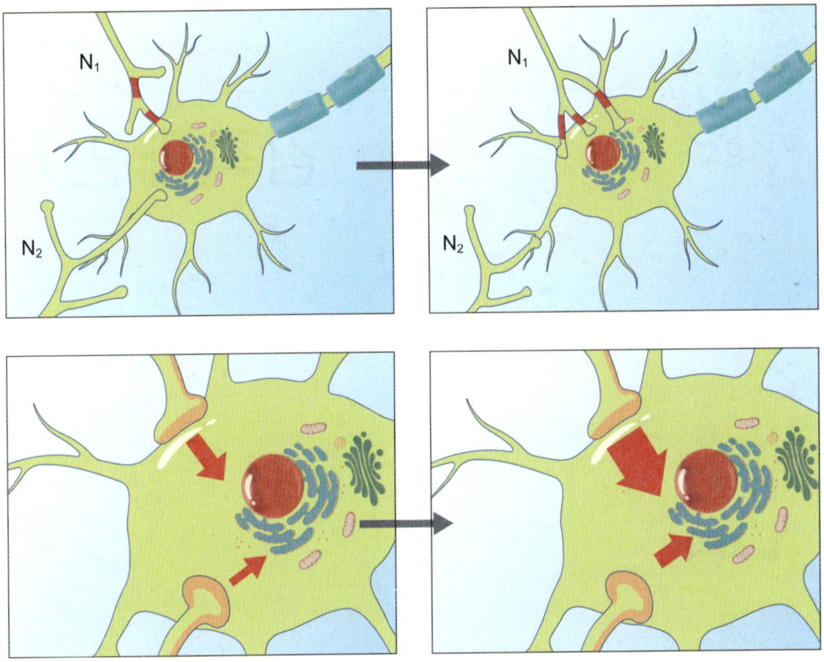

[신경세포의 가소성. 신경세포의 시냅스 활성이 높아지면 시냅스가 추가로 생성되며, 반대 작용도 일어난다(위). 만약 두 시냅스가 동시에 활성화되면 시냅스 후 반응이 강화된다(아래).]

가소성(plasticity)이란 두뇌가 스스로를 수정하고 환경 변화에 적응하는 능력을 의미한다. 즉, 뇌의 신경회로가 외부 자극, 경험, 학습 등에 의해 구조적·기능적으로 변화하고 재조직화되는 현상을 말한다. 신경회로는 일생을 통해 지속적으로 변화하며, 특히 유년기에는 새로운 언어나 운동 기능을 습득하는 과정에서 새로운 신경경로의 형성과 활성화가 가장 활발하게 일어난다.

성인기와 노년기에는 이러한 신경가소성의 잠재성이 다소 감소하지만, 새로운 언어나 운동 기술을 학습할 수 있을 정도의 가소성 능력은 일생 동안 일정 수준으로 유지된다.

4장
감각과 인지

1. 시각

사람의 눈은 종종 카메라에 비유된다. 실제로 눈의 구조는 카메라와 매우 유사하다. 외부에서 들어온 빛은 카메라의 렌즈에 해당하는 수정체(lens)를 통과하여, 필름에 해당하는 망막(retina)에 상을 맺는다. 망막에 도달한 빛은 시신경(optic nerve)을 통해 전기신호로 변환되어 시각을 담당하는 대뇌 후두엽(occipital lobe)으로 전달되며, 사람은 이를 통해 물체의 영상을 인식하게 된다.

1) 시각의 구조와 기능

눈은 바깥쪽부터 섬유막, 포도막, 망막의 세 층으로 이루어져 있다.

가장 바깥쪽의 **섬유막**은 눈을 단단하게 감싸는 **공막**(sclera)과 투명한 각막(cornea)으로 이루어진다. 공막은 흔히 '흰자'로 불리며 눈의 형태를 유지해 주고, 각막은 외부의 빛을 굴절시켜 안쪽으로 들여보내는 창문 역할을 한다.

그 안쪽에는 **포도막**(uvea)이 자리한다. 이 층에는 **맥락막**(choroid)과 **홍채**(iris)

가 포함되어 있다. 맥락막은 풍부한 혈관과 멜라닌 색소를 가지고 있어 망막에 영양을 공급하고, 들어온 빛이 산란되지 않도록 도와준다. 홍채는 카메라의 조리개와 같은 역할을 하며, 눈으로 들어오는 빛의 양을 조절한다. 홍채의 색소 농도와 종류에 따라 눈동자의 색이 달라진다.

가장 안쪽에는 **망막**(retina)이 있다. 망막은 수많은 시각세포(광수용기세포)와 신경세포로 구성된 신경조직으로, 눈에 들어온 빛을 전기 신호로 바꾸어 뇌로 전달하는 핵심 기관이다.

망막의 중심에는 **중심와**(fovea)라는 부분이 있어 색과 형태를 가장 정밀하게 구분한다. 반면 시신경이 모이는 부위(맹점)에는 시각세포가 없어, 이곳에 닿은 빛은 인식되지 않는다.

눈의 가운데에는 투명한 볼록렌즈 모양의 **수정체**(lens)가 있다. 수정체는 들어온 빛을 굴절시켜 망막 위에 초점을 맞추는 역할을 한다. 이때 수정체의 두께는 **모양체**(ciliary body)와 **진대**(Zinn's zonule)의 수축과 이완에 의해 조절된다. 가

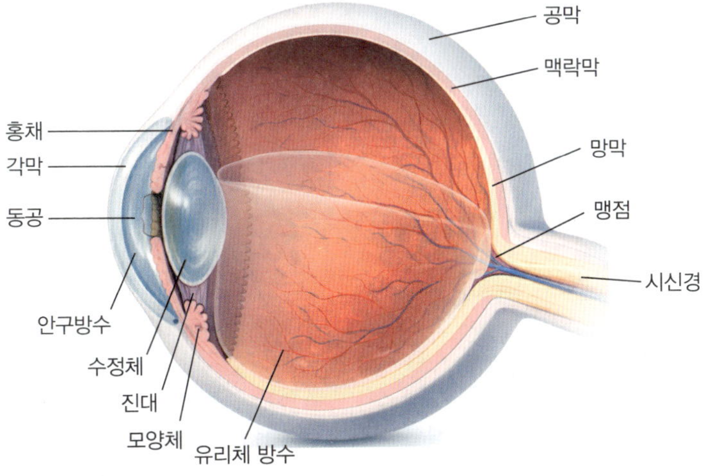

[눈의 구조]

까운 물체를 볼 때는 모양체가 수축하고 진대가 이완하여 수정체가 두꺼워지고, 먼 물체를 볼 때는 반대로 모양체가 이완하고 진대가 당겨져 수정체가 납작해진다.

수정체 앞뒤에는 액체로 채워진 공간이 있다. 앞쪽에는 안구 방수(aqueous humor)가, 뒤쪽에는 유리체 방수(vitreous humor)가 자리하며, 이 둘은 빛이 망막에 정확히 맺히도록 돕는다. 또한 눈의 내부 압력을 일정하게 유지하고, 영양을 공급하며 노폐물을 제거하는 역할도 한다.

우리의 두뇌는 이 눈을 통해 들어온 신호를 해석해, 단순한 빛의 자극을 '보는 경험'으로 바꾼다. 눈이 단순히 빛을 감지하는 창이라면, 뇌는 그 빛을 '세상'으로 해석하는 번역가인 셈이다. 그 시작을 위해 눈에서 시신경을 통해 신호를 뇌로 보낸다.

① 빛을 감지하는 세포, 광수용체

우리의 눈이 빛을 볼 수 있는 이유는 망막 속에 있는 **광수용체**(photoreceptor) 덕분이다. 망막에는 약 1억 2천6백만 개의 광수용체가 빽빽하게 분포해 있으며, 이들은 종류로 **간상세포**(rod cell)와 **원추세포**(cone cell)의 두 종류로 구분된다.

먼저, 간상세포는 어두운 환경에서도 빛을 감지할 수 있는 세포로, 약 1억 2천만 개가 존재한다. 이 세포는 중심 시야보다는 주변부, 즉 중심와에서 멀리 떨어진 곳에 더 많이 분포한다. 간상세포는 명암에는 매우 민감하지만, 색상 구분은 하지 못한다. 덕분에 우리는 밤의 희미한 불빛 속에서도 사물의 형태를 알아볼 수 있지만, 그것은 어디까지나 흑백의 세계다. 만약 간상세포가 손상되면, 어두운 곳에서 사물이 잘 보이지 않는 야맹증이 나타난다.

반면, 원추세포는 색을 인식하는 세포다. 약 6백만 개 정도 존재하며, 대부분 시야의 중심부인 중심와에 집중되어 있다. 이 세포는 빨강, 초록, 파랑

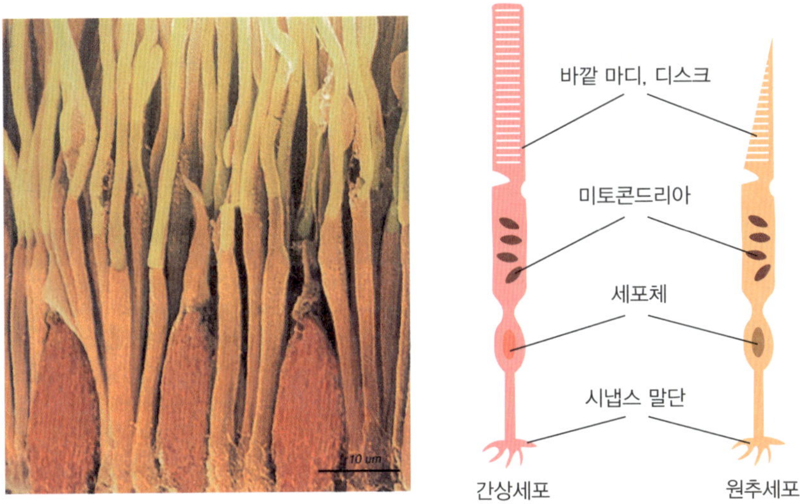

[전자현미경으로 본 간상세포와 원추세포의 모습(좌), 간상세포와 원추세포의 모습(우)]
(출처: Helga Kolb, CC BY-SA 4.0, Wikimedia Commons)

세 가지 색의 빛에 각각 민감하게 반응한다. 세 종류의 원추세포가 함께 작동하며 다양한 색을 조합해 인식하는 것이다. 따라서 원추세포에 문제가 생기면, 색을 구분하지 못하는 색맹이나 색약이 나타날 수 있다.

간상세포에는 **로돕신**(rhodopsin)이라는 시각 색소 단백질이 들어 있다. 로돕신은 빛을 받으면 비타민 A 유도체인 레티날(retinal)과 막단백질 옵신(opsin)으로 분해되며, 이때 발생하는 에너지가 시신경을 자극해 뇌의 시각 중추로 전달된다. 그 결과 우리는 빛의 형태를 '시각 정보'로 인식하게 된다.

어둠 속에서는 이 과정이 거꾸로 일어난다. 빛에 의해 분해되었던 레티날과 옵신이 다시 합쳐져 로돕신이 재생되는데, 이때 시간이 필요하다. 이 반응을 암순응(dark adaptation)이라 부른다. 예를 들어, 밝은 방에서 불을 갑자기 끄면 처음에는 아무것도 보이지 않지만, 시간이 지나면서 점차 어둠 속 사물이 보이기 시작한다. 바로 이 과정에서 로돕신이 다시 합성되는 것이다.

한편, 원추세포에도 비슷한 기능을 하는 시각 색소인 **포돕신**(photopsin)이 존재하며, 이 색소는 각기 다른 파장의 빛인 빨강, 초록, 파랑에 민감하게 반응해 색 인식을 가능하게 한다.

망막에는 광수용체 외에도 다양한 신경세포들이 있다. 빛의 정보를 모아 전달하는 쌍극세포, 여러 신호를 조정하는 수평세포와 무축삭세포, 그리고 최종적으로 시각 정보를 모아 시신경으로 보내는 신경절세포(ganglion cell) 등이 있다. 이 복잡한 신경망 덕분에 눈은 단순히 빛을 '감지'하는 기관을 넘어, 세밀하게 가공된 '시각 정보의 처리장치'가 된다.

② 시각 정보의 흐름

빛이 눈에 들어와 망막에 닿으면, 그 정보는 곧 시신경(optic nerve)을 통해 뇌로 전달된다. 그런데 이 시각 정보의 전달 경로에는 흥미로운 구조가 있다. 양쪽 눈에서 나온 시신경은 **시신경교차**(optic chiasm)라는 지점을 지나는데, 이곳

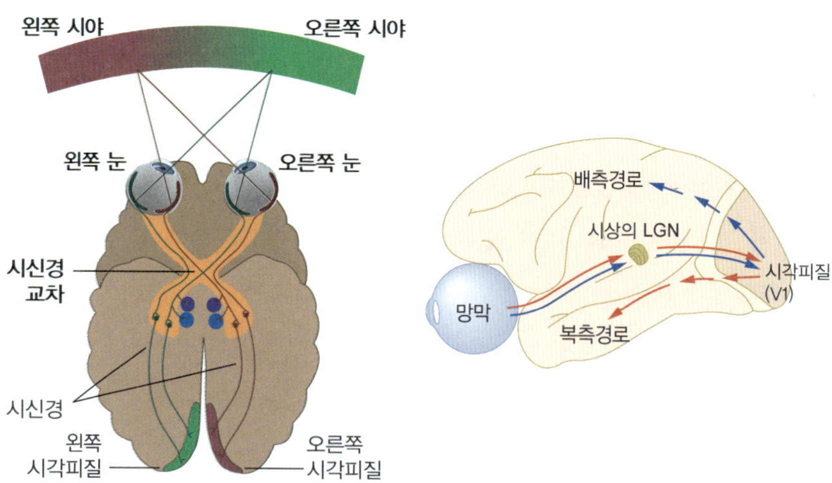

[시신경교차(좌), 두 가지 시각 정보 처리 경로(우)]

에서 내측 시신경 다발만 교차한다. 그 결과, 오른쪽 시야의 정보는 좌뇌로, 왼쪽 시야의 정보는 우뇌로 전달된다. 이 교차 덕분에 두 눈이 서로 다른 위치에서 본 이미지를 뇌가 하나의 영상으로 통합할 수 있다.

만약 시신경교차에 손상이 생긴다면, 양쪽의 바깥쪽 시야가 사라지게 된다. 이처럼 시신경교차는 우리의 시야를 확장하고, 양쪽 눈의 시각 정보를 하나로 통합해주는 시각 시스템의 핵심 관문이라 할 수 있다.

시신경교차를 지나 시각 정보가 도달하는 지점이 바로 **시상**(thalamus)이다. 시상은 시각, 청각, 체감각의 정보를 받아들이고, 이를 대뇌피질의 해당 영역으로 전달하는 감각 정보의 중계소 역할을 한다. 시신경에서 온 대부분의 신호는 시상 안쪽의 외측슬상핵(lateral geniculate nucleus, LGN)에 도달한다. 외측슬상핵은 시각 정보를 후두엽(occipital lobe)에 위치한 **시각피질**(primary visual cortex, V1)로 전달한다. 이곳이 바로 우리가 '본다'고 느끼는 시각 경험이 처음으로 만들어지는 곳이다.

③ 두 가지 시각 경로

사람의 뇌는 시각 정보를 처리할 때 두 가지 주요 경로를 사용한다. 이 두 경로는 서로 다른 종류의 시각세포에서 시작하여 서로 다른 기능을 담당한다.

첫 번째는 **배측경로**(dorsal pathway), 혹은 **마그노세포경로**(magnocellular pathway)이다. 이 경로는 망막의 간상세포에서 출발한다. 간상세포는 빛의 세기와 움직임, 위치 변화를 감지하므로, 이 경로는 주로 사물의 위치와 운동 정보를 처리한다. 간상세포의 신호는 시상의 외측슬상핵 중 마그노세포층(M-layer)으로 전달된 뒤, 다시 시각피질을 거쳐 두정엽(parietal lobe)으로 향한다. 마그노세포경로는 사물이 어디에 있고, 어떻게 움직이는지를 인식하는 데 중요한 역할을 한다.

두 번째는 **복측경로**(ventral pathway), 혹은 **파보세포경로**(parvocellular pathway)이다. 이 경로는 망막의 원추세포에서 시작한다. 원추세포는 색상, 형태, 질감, 깊이 등 세밀한 시각 정보를 감지하며, 이 신호는 시상의 외측슬상핵 중 파보세포층(P-layer)을 거쳐 시각피질로 전달된다. 그 후 측두엽(temporal lobe)으로 이어지며, 이곳에서 사물의 형태와 정체를 인식한다. 파보세포경로는 우리가 본 것이 '무엇인지'를 알아차리게 해준다.

2) 시각장애

시각 기관이나 시각 신경, 혹은 시각 정보 처리 과정에 이상이 생기면 다양한 시각장애가 발생할 수 있다. 그 대표적인 예를 몇 가지 살펴보고자 한다.

① 색맹

색맹(color blindness)은 가장 널리 알려진 시각장애 중 하나로, 망막에 있는 원추세포의 이상으로 인해 색을 구분하지 못하는 현상을 말한다. 정상적인 사람의 망막에는 빨강, 초록, 파랑에 각각 반응하는 세 종류의 원추세포가 존재한다. 이 세 세포가 빛의 파장을 감지하고, 그 자극의 강도와 조합을 뇌가 해석함으로써 우리는 다양한 색을 인식할 수 있다.

하지만 한 가지 이상의 원추세포가 제대로 기능하지 못하면 부분색맹이 발생하며, 세 종류 모두가 기능을 상실할 경우 전색맹(total color blindness)이 되어 세상이 흑백 혹은 회색조의 단조로운 색으로만 보인다.

가장 흔한 형태는 적록색맹(red-green color blindness)과 청황색맹(blue-yellow color blindness)이다. 그중 적록색맹은 X염색체에 있는 유전자 이상으로 인해 발생한다. 남성은 X염색체를 하나만 가지고 있기 때문에, 해당 유전자에 이상이 있으면 바로 결함이 나타난다. 반면 여성은 X염색체를 두 개 가지고 있어,

양쪽 모두 결함이 있을 때에만 색맹이 발현된다. 따라서 남성의 색맹 발생률은 여성보다 약 10배 정도 높다.

② 백내장

백내장(cataract)은 노화로 인해 수정체의 단백질이 변성되어 혼탁해지는 질환이다. 정상적인 수정체는 투명하여 빛을 망막에 고르게 전달하지만, 단백질이 변성되면 빛의 통과가 방해되어 사물이 흐릿하거나 안개가 낀 듯 보이게 된다.

백내장은 주로 노화로 발생하지만, 자외선 노출, 당뇨병, 흡연, 외상 등도 원인이 될 수 있다. 초기에는 약물로 진행을 늦출 수 있으나, 심해지면 수정체를 제거하고 인공 수정체를 삽입하는 수술을 시행한다.

③ 녹내장

녹내장(glaucoma)은 시신경이 손상되어 시야 일부가 소실되는 질환이다. 대부분의 경우 안압이 비정상적으로 상승해 시신경이 압박을 받으면서 발생한다. 초기에는 주변 시야가 점차 좁아지지만, 중심 시야는 오랫동안 유지되기 때문에 자각 증상이 거의 없기도 한다.

녹내장은 조기 발견이 중요하며, 진행을 멈추기 위한 치료가 중심이 된다. 가장 기본적인 치료는 안압을 낮추는 약물요법으로, 하루 1회 점안제를 사용하는 방식이 일반적이다. 약물로 조절이 되지 않는 경우 레이저 치료나 수술 치료를 통해 안구 내의 방수 배출을 개선하고 안압을 낮추는 방법을 사용한다.

④ 근시, 원시, 난시

먼 곳에 있는 사물을 볼 때 눈을 찡그리거나 자주 두통을 호소한다면 안과 의사에게 진찰을 받을 필요가 있다. 특히 초등학교에 입학 전후의 아이들은 안과 검진을 받으면 근시인 경우가 많다.

• 근시

근시(myopia)는 초점이 망막보다 앞쪽에 맺히는 경우를 말한다. 이때 먼 곳의 사물은 흐릿하게 보이지만, 가까운 것은 비교적 잘 보인다. 이는 주로 안구의 길이가 길거나, 각막의 굴절력이 지나치게 큰 경우에 발생한다.

근시는 유전적 요인과 환경적 요인이 복합적으로 작용하여 생긴다. 특히 어린이와 청소년의 경우, TV·스마트폰·컴퓨터 등 가까운 거리에서 화면을 오래 보는 습관이 근시 발생 위험을 높이는 주요 원인으로 알려져 있다.

교정 방법으로는 안경이나 콘택트렌즈를 사용하여 초점을 망막 위로 맞추는 것이 일반적이다. 또한 시력 교정 수술인 라식(LASIK), 라섹(LASEK), 혹은 인공 수정체 삽입술(ICL) 등을 통해 시력 회복을 도울 수도 있다.

• 원시

원시(hyperopia)는 근시와 반대되는 개념으로, 초점이 망막보다 뒤쪽에 맺히는 경우를 말한다. 이로 인해 가까운 사물은 흐릿하게, 먼 사물은 비교적 선명하게 보인다. 주된 원인은 안구의 길이가 짧거나, 각막의 굴절력이 약한 경우이다.

원시는 선천적으로 발생할 수 있으며, 어린 시기에는 눈의 조절력으로 어느 정도 보완되기도 한다. 하지만 나이가 들수록 조절력이 감소하면서 증상이 뚜렷해진다. 안경이나 콘택트렌즈를 착용하면 초점을 조절하여 시력을 교정할 수 있다.

40대 이후에는 노안(presbyopia)으로 인해 근거리가 잘 보이지 않는 현상이 나타나기도 한다. 이는 수정체의 탄성이 줄어들어 초점을 조절하는 능력이 떨어지는 자연스러운 노화 현상으로, 돋보기나 다초점 렌즈를 통해 교정할 수 있다.

• 난시

난시(astigmatism)는 각막의 곡률이 일정하지 않거나, 렌즈 표면이 비대칭일 때 발생하는 시력 이상이다. 즉, 눈으로 들어온 빛이 한 점에 모이지 못하고 여러 방향으로 퍼져 초점이 흐려진다. 그 결과 사물이 왜곡되거나, 모든 거리에서 뿌옇게 보이는 현상이 나타난다.

난시 역시 안경이나 콘택트렌즈 사용으로 교정이 가능하며, 라식, 라섹 같은 굴절 교정 수술로 각막의 형태를 조정함으로써 시력을 회복할 수도 있다.

⑤ 뇌에 의한 시각장애

사람이 물체를 본다는 것은 단순히 눈의 기능만으로 이루어지지 않는다. 눈을 통해 들어온 시각 정보는 시신경을 따라 시상과 후두엽의 시각피질로 전달되어 해석된다. 따라서 시야의 이상이 반드시 눈의 문제만을 의미하는 것은 아니다. 때로는 시신경이나 대뇌의 손상으로 인해 시각장애가 발생하기도 한다.

보통 한쪽 눈에 이상이 생긴 경우에는, 그 눈을 가렸을 때 시야가 정상으로 돌아오는 것을 확인할 수 있다. 그러나 오른쪽 눈을 가려도, 왼쪽 눈을 가려도 시야의 같은 부위가 보이지 않는다면, 이 경우는 눈 자체의 문제가 아니라 시신경 이후의 경로, 즉 시신경교차 이후 혹은 후두엽의 손상을 의심해야 한다.

시각 정보는 뇌에서 좌우 반전과 상하 반전된 형태로 처리된다. 즉, 물체의 위쪽에서 들어온 빛은 시각피질의 아래쪽(복측, ventral)에서 처리되고, 아래쪽에서 들어온 빛은 시각피질의 위쪽(배측, dorsal)에서 처리된다. 이러한 구조적 특성 때문에 뇌의 손상 부위에 따라 특정 방향의 시야 결손이 나타난다.

• 반맹

반맹(hemianopsia)은 시야의 절반이 보이지 않게 되는 현상으로, 뇌졸중, 뇌종양, 두부 외상 등으로 인한 뇌 손상에서 자주 나타난다. 이때 시야의 어느 부분이 손상되는지는 뇌의 손상 부위에 따라 달라진다.

• 동측성 반맹

양쪽 눈에서 같은 방향(예: 양쪽 시야의 오른쪽 절반)의 시야가 보이지 않는 경우를 동측성 반맹(homonymous hemianopsia)이라고 한다. 이는 시신경교차 이후, 즉 시각 경로의 한쪽 반구가 손상된 경우에 발생한다. 예를 들어 왼쪽 후두엽이 손상되면 오른쪽 시야의 절반이 소실된다.

• 사분맹(사반맹)

사분맹(quadranopsia)은 시야의 4분면 중 한 부분만 소실되는 상태를 말한다. 이는 후두엽의 일부, 특히 위쪽(배측) 또는 아래쪽(복측) 시각피질이 손상될 때 발생한다. 즉, 손상 부위가 어느 쪽인지에 따라 사라지는 시야의 위치가 결정된다.

• 암점

암점(scotoma)은 시야 전체가 아닌 일정한 작은 영역에서만 보이지 않는 상태를 말한다. 이 부위에서는 명암 대비나 물체의 형태를 구별하지 못한다. 암

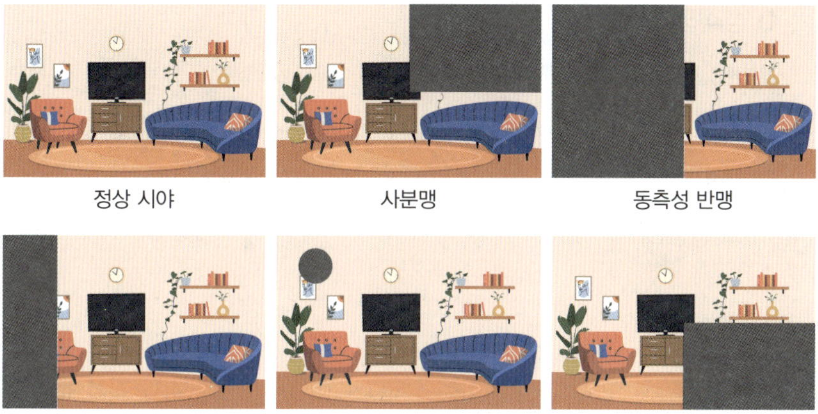

정상 시야 / 사분맹 / 동측성 반맹

좌측 주변 시각장 손상 / 암점 / 사분맹

[시야 장애]

점은 시각피질의 일부 손상, 망막의 국소 손상, 혹은 시신경의 부분 손상으로 인해 생길 수 있다.

2. 청각

발생 단계에서 가장 먼저 발달이 시작하는 감각기관은 청각이다. 아기들은 태어나기 전 단계부터 엄마의 태중에서 심장 소리를 들으며 성장한다. 그러나 115명 중 1명의 아기들은 엄마의 심장 소리를 들어보지 못하고 선천적인 청각장애를 가지고 태어난다. 또한 사고나 질병에 의해서 청각장애를 겪는 사람이 있으며, 대부분의 건강한 사람들도 65세 이상의 나이가 되면 노인성 난청이 발생하기도 한다.

1) 청각의 구조와 기능

사람의 귀는 외부에서 발생한 소리의 진동을 감지하고 이를 전기 신호로 변환하여 뇌로 전달하는 기관이다. 귀는 외이(outer ear), 중이(middle ear), 내이(inner ear)의 세 부분으로 구성되어 있으며, 각각의 부위는 소리의 수집, 증폭, 변환에 관여한다.

① 외이

외이(outer ear)는 귓바퀴와 외이도로 구성되어 있다. 귓바퀴는 외부의 소리를 모아 외이도로 전달하며, 외이도는 소리의 진동을 고막(eardrum)으로 이끈다.

② 중이

고막의 안쪽에는 공기로 채워져 있으며, 중이(middle ear)는 고막과 세 개의 작은 뼈, 즉 이소골(auditory ossicles)로 구성된다. 이소골은 망치뼈(malleus), 모루뼈(incus), 등자뼈(stapes)로 이루어져 있으며, 이들은 서로 연결되어 소리의 진동을 증폭하여 내이로 전달하는 역할을 한다.

고막에 전달된 진동은 순서대로 망치뼈, 모루뼈, 등자뼈를 거쳐 내이와 연결된 난원창(oval window)으로 전달된다. 이 과정에서 진동의 에너지가 증폭되어 내이의 림프액을 진동시키게 된다.

③ 내이

내이(inner ear)는 달팽이관(cochlea)과 전정기관(vestibular organ)으로 이루어져 있다. 이 중 달팽이관은 소리의 진동을 전기 신호로 변환하여 청신경(auditory nerve)을 통해 뇌로 전달하며, 전정기관은 몸의 평형감각과 자세 유지를 담당한다.

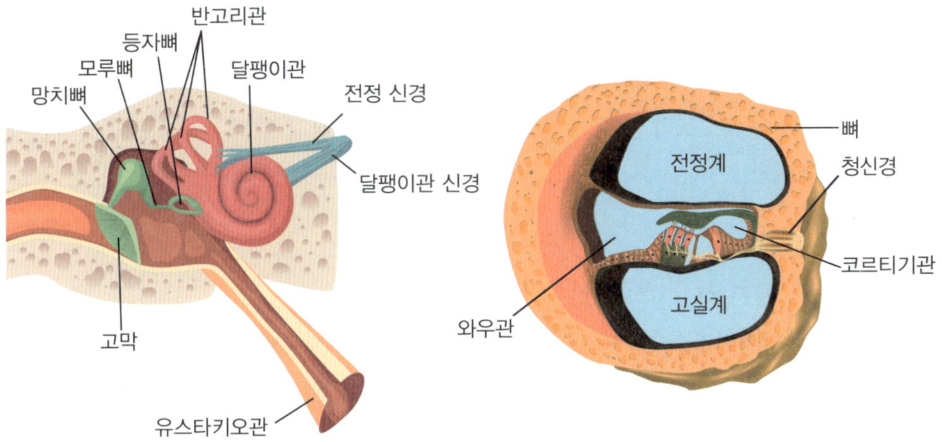

[청각기관의 구조(좌), 달팽이관의 구조(우)]

④ 달팽이관의 구조와 기능

달팽이관은 그 이름처럼 달팽이 껍질처럼 말린 형태의 관 구조의 기관이다. 내부는 전정계(scala vestibuli)와 고실계(scala tympani)로 나뉘며, 이 두 공간은 림프액(perilymph)으로 채워져 있다. 등자뼈가 난원창을 밀어주면 전정계의 림프액에 압력파가 발생하고, 이 진동은 고실계로 전달되어 기저막(basilar membrane)을 진동시킨다. 기저막에는 소리의 주파수에 따라 반응하는 위치가 다르다. 고주파(높은 음)은 난원창에 가까운 부위에서 감지되고, 저주파(낮은 음)은 달팽이관의 정점(끝부분)에서 감지된다.

⑤ 베케시의 연구

헝가리 출신의 미국 생리학자 게오르크 폰 베케시(Georg von Békésy)는 달팽이관을 따라 여러 위치에 전극을 배치하고, 각 주파수에 따른 전기적 반응을 측정하였다. 그 결과, 달팽이관의 특정 부분이 특정 주파수에 선택적으로 반응한다는 사실을 밝혀냈다. 즉, 귀 속에는 마치 피아노 건반처럼 주파수별로 구분된 감각 영역이 존재한다는 것이다. 베케시는 소리의 주파수를 뇌가 어떻게 구별하는지에 대한 기초를 마련하였으며, 이러한 주파수별 반응 구역의 분포를 **토노토픽 맵**(**주파수 지도**, tonotopic map)이라고 한다. 그 공로를 인정받아 베케시는 1961년 노벨 생리의학상을 받았다.

⑥ 코르티기관과 유모세포의 역할

달팽이관의 기저막 위에는 청각 기능을 담당하는 감각기관, 즉 **코르티기관**(Organ of Corti)이 자리하고 있다. 이 기관에는 유모세포(hair cell, cilia)라 불리는 감각세포가 배열되어 있으며, 이 세포들이 소리의 진동을 전기 신호로 변환하는 핵심 역할을 담당한다. 유모세포는 구조와 기능에 따라 내부 유모세포(inner hair cells, IHC)와 바깥쪽 유모세포(outer hair cells, OHC)로 구분된다.

내부 유모세포(IHC)는 소리 자극을 직접 받아 청신경으로 신호를 전달하는 주된 역할을 하며, 전체 청신경의 약 95%가 이 세포의 신호를 받는다.

바깥쪽 유모세포(OHC)는 직접적인 신호 전달보다 기저막의 움직임을 증폭시키고 특정 주파수에 대한 반응을 정밀하게 조절하는 기능을 한다. 청신경의 약 5%가 OHC의 신호를 받는다.

바깥쪽 유모세포의 운동은 기저막의 진동을 미세하게 조절하여, 예를 들

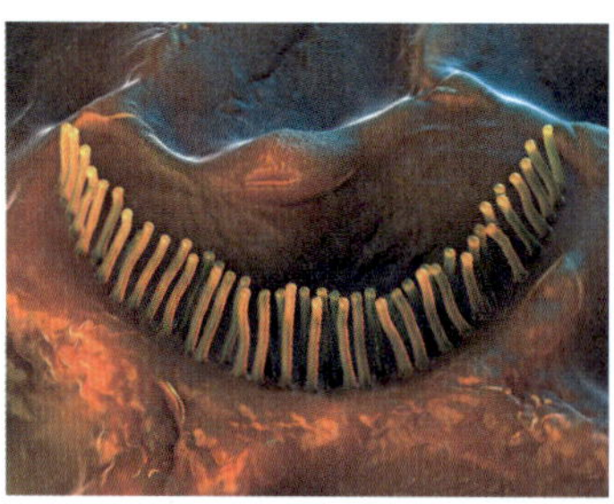

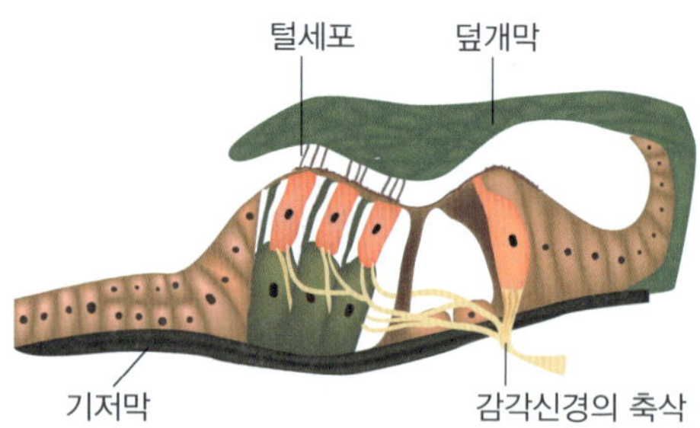

[유모세포의 모양(좌), 코르티기관(우)]

어 300Hz와 310Hz 같은 매우 근접한 주파수의 소리도 구별할 수 있게 해준다. 이처럼 두 종류의 유모세포는 서로 협력하여 아주 작은 소리부터 큰 소리까지 다양한 음을 정확하게 감지하고 뇌로 전달하는 역할을 수행한다.

유모세포의 위쪽에는 투명한 덮개막(tectorial membrane)이 덮여 있다. 이 막은 유모세포의 섬모와 접촉하면서 진동에 맞춰 함께 움직이며, 청각 신호가 생성되는 기계적 자극 과정에 중요한 역할을 한다.

⑦ 청각 정보 전달

달팽이관에서 전기 신호로 변환된 소리 정보는 청신경을 따라 뇌로 신호를 보낸다. 청각 신호는 연수(medulla), 중뇌(midbrain), 시상(thalamus)을 차례로 거쳐 측두엽(temporal lobe)의 청각피질(auditory cortex)에 도달한다.

청각피질은 기능에 따라 일차 청각피질(primary auditory cortex)과 이차 청각피질(secondary auditory cortex)로 구분된다.

일차 청각피질은 측두엽과 전두엽 사이에 있는 실비우스 열(가쪽고랑, sylvian fissure)의 안쪽에 위치한다. 이곳은 주파수별로 구분된 구조를 가지고 있어, 낮은 주파수의 소리는 피질의 앞쪽 부분에서, 높은 주파수의 소리는 중앙부와 뒤쪽 부분에서 처리된다. 이 영역은 소리의 주파수, 강도, 지속 시간 등의 물리적인 특성을 분석한다.

이차 청각피질은 실비우스 열의 아래쪽인 측두엽 상부에 위치한다. 이 영역은 처리된 정보를 통합하여 음색, 화음, 소리의 패턴 등의 보다 복잡한 청각 정보를 분석한다. 이차 청각피질의 뒷부분에는 베르니케 영역(Wernicke's area)이 위치한다.

이 영역은 언어의 의미를 이해하는 기능을 담당한다. 청각뿐만 아니라 시각, 촉각 등 여러 감각 영역의 경계면에 자리하고 있어, 여러 감각에서 얻은

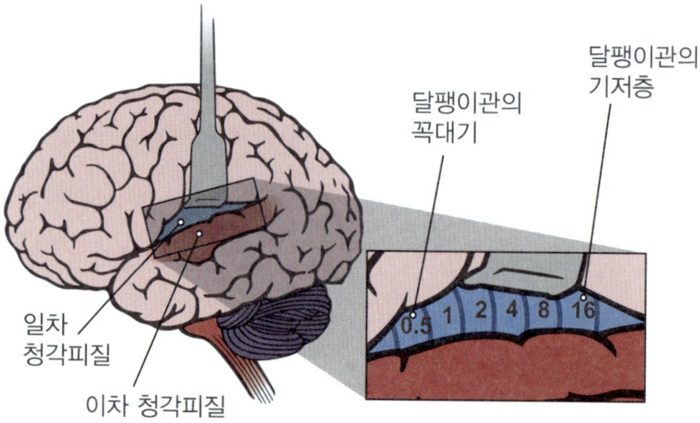

[실비우스 열의 안쪽에 위치한 일차(파란색), 이차 청각피질(빨강색)]
(출처: Chittka L, Brockmann, CC BY-SA 2.5, via Wikimedia Commons)

정보를 통합해 언어적 이해를 가능하게 한다.

2) 청각장애

청각장애(hearing impairment)란 소리를 잘 듣지 못하거나 전혀 들리지 않는 상태를 말한다. 이러한 장애는 한쪽 귀에서만 나타날 수도 있고, 양쪽 귀 모두에 발생할 수도 있다. 청각장애의 원인은 매우 다양하며, 유전적 요인, 노화, 지속적인 소음 노출, 감염, 출산 시 합병증, 외상(귀의 손상), 특정 약물 또는 독성 물질의 영향 등으로 인해 생길 수 있다.

청각의 감도에 따라서 난청과 농으로 구분하여 표현한다. 청각장애는 손상이 일어난 부위에 따라 다음과 같이 나뉜다.

전음성 난청(conductive hearing loss)은 외이에서 중이까지의 소리 전달 경로가 손상된 경우이다. 고막 손상, 중이염, 이소골(귓속뼈) 이상 등으로 발생할 수 있으며, 소리가 내이까지 제대로 전달되지 않아 듣기 어려움이 생긴다. 약물치료, 고막 재생, 이소골 재건 등 수술적 방법으로 회복이 가능한 경우가 많다.

감각신경성 난청(sensorineural hearing loss)은 내이 또는 청신경이 손상되어 발생하며 노화, 유전, 소음 노출, 약물 독성 등이 원인으로 작용한다. 소리가 내이에 도달하더라도 신경신호로 변환되거나 전달되는 과정에 이상이 생긴다. 완전한 회복은 어려운 경우가 많지만, 보청기나 인공와우(달팽이관) 이식술을 통해 청력을 보완할 수 있다.

혼합성 난청(mixed hearing loss)은 전음성과 감각신경성 난청이 동시에 발생한 상태로, 외이·중이의 전달 장애와 내이·신경의 기능 손상이 함께 존재한다.

마지막으로 중추성 난청(central hearing loss)은 청각 중추 즉, 뇌의 청각피질이 손상되어 발생한다. 귀나 청신경은 정상일 수 있으나, 뇌에서 소리를 해석하고 인식하는 과정에 문제가 생긴다. 뇌졸중, 외상, 종양, 신경계 질환 등으로 청각 중추의 손상이 원인이 될 수 있다. 치료 방법 또한 손상 부위에 따라 다르게 진행한다.

3. 후각

친숙한 냄새를 맡을 때, 때로는 냄새가 눈앞에 보이는 듯한 착각을 하기도 한다. 그러나 실제로 우리가 눈으로 볼 수 있는 물체의 최소 크기는 마이크로미터(μm) 수준이며, 냄새를 내는 분자는 나노미터(nm) 수준으로 훨씬 작다. 즉, 냄새 분자는 일반 망막으로는 볼 수 없으며, 분자현미경을 통해서야 겨우 관찰할 수 있다.

냄새 분자는 후각 기관을 통해 다양한 정보를 뇌로 전달한다. 흥미롭게도 후각 수용체가 인지할 수 있는 냄새 분자의 종류는 1조 개가 넘는다. 한 분자가 한 가지 냄새만 내는 것이 아니며, 동일한 냄새를 내는 분자라도 구조가 매우 다를 수 있다. 예를 들어, 케톤기(C=O)가 포함된 분자는 달콤한 냄새를 풍길 수 있지만, 모든 케톤기가 같은 향을 내는 것은 아니다. 또한 황화 수소(H_2S)와 데카보레인($B_{10}H_{14}$)은 구조가 크게 다르지만 둘 다 달걀 썩는 냄새를 내는 공통점을 가진다.

1) 후각의 구조와 기능

후각 수용기 세포는 비강 상부에 위치한 신경세포로, 냄새 정보를 직접 뇌로 전달한다. 후각 수용기 세포의 섬모(cilia)는 비강 꼭대기 점막에 위치하며, 섬모에 포함된 수용체(receptor)가 냄새 분자를 감지한다.

2014년 일본 도쿄대학의 니무라 요시히토(Yoshihito Niimura) 교수팀은 포유동물의 후각 수용체 유전자 개수를 비교한 연구를 '게놈 리서치(Genome Research)'에 발표했다.[1] 연구에 따르면 사람은 약 400개의 후각 수용체 유전자를 가지고 있으며, 후각 민감도가 상대적으로 낮다. 개는 사람보다 약 2배 많은 800개의 수용체를 가지고 있어 후각이 매우 예민하다. 연구 대상이었던 13종의 포유류 중 가장 많은 후각 수용체 유전자를 가진 동물은 코끼리다. 코끼리

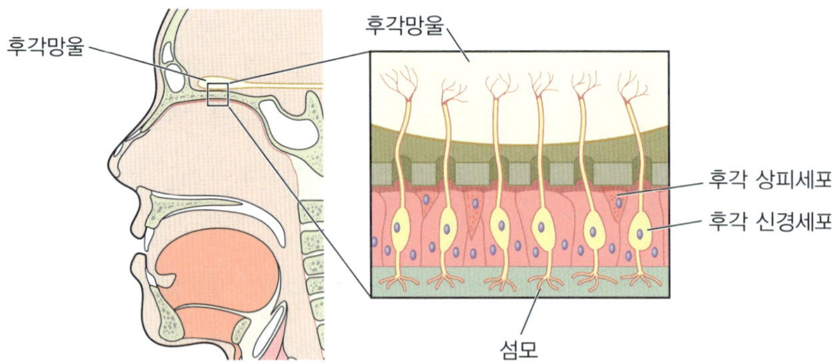

[후각의 구조]

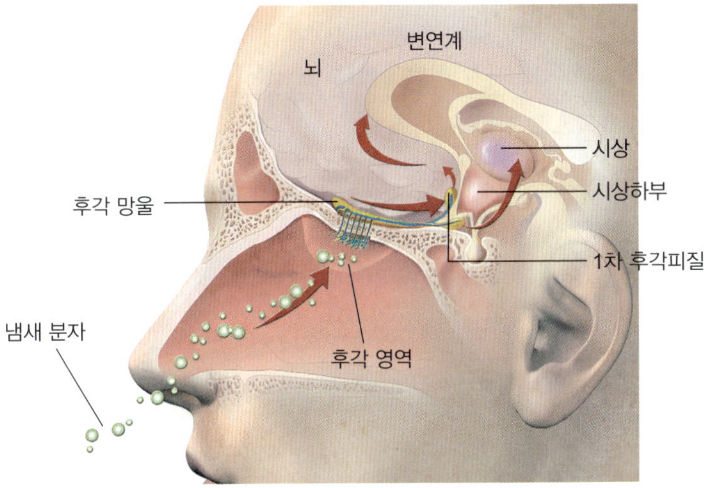

[뇌의 변연계로 전달되는 후각 신호]

는 후각 수용체 유전자를 사람의 5배인 1,948개나 갖고 있다. 쥐는 1,270개의 후각 수용체 유전자를 가지고 있는 것으로 밝혀지며 아쉽게도 1등 자리를 코끼리에게 넘겨주었다. 이처럼 후각 수용체 유전자의 개수와 다양성은 동물의 냄새 인식 능력과 직결된다.

① 후각 신호 전달

냄새 분자는 후각 수용체와 결합하면, 화학적 신호를 전기 신호로 변환한다. 후각 수용체에서 발생한 전기 신호는 **후각신경**(olfactory nerve)을 따라 코 바로 위에 위치한 **후각 망울**(olfactory bulb)로 전달된다. 흥미로운 점은, 후각 정보는 다른 감각 정보와 달리 시상을 거치지 않고 직접 **후각피질**(olfactory cortex)로 전달될 수 있다는 것이다. 이 특성 때문에 후각은 감정과 기억과 밀접하게 연결되어 있으며, 특정 냄새가 과거의 기억이나 감정을 강하게 떠올리게 하는 경험이 가능하다.

② 뇌에서 후각 신호 전달

후각 망울을 지나 신호를 전달된 신호는 편도체, 해마, 시상, 시상하부와 같은 여러 뇌 영역으로 향한다.

편도체(amygdala)는 감정과 공포, 쾌감 등 감정 반응을 처리하는 영역이다. 특정 냄새가 기쁨이나 불쾌감을 불러일으키기도 하는데 바로 편도체로 신호가 전달되기 때문이다.

후각 신호는 기억 저장과 회상에 관여하는 **해마**(hippocampus)로도 신호를 보낸다. 때문에 사람들은 특정 냄새를 맡으면 과거의 기억을 생생하게 떠올리기도 한다.

시상(thalamus)과 **시상하부**(hypothalamus)는 변연계에 속하는 대표적인 뇌영역이며, 본능적 행동, 식욕, 호르몬 조절 등과 연결되어 작용이 일어난다. 이러한 다양한 신경 경로는 다른 감각 신호와 구별되는 후각의 독특한 경로이다.

1차 후각피질(primary olfactory cortex)은 측두엽에 위치하고 있으며, 후각 정보의 기본적인 인식과 처리를 담당한다. 그리고 2차 후각피질(Ssecondary olfactory cortex)은 전두엽에 위치하며 후각 정보의 고차원적인 분석과 통합, 감정과 기억을 연관하여 처리한다.

2) 후각장애

후각장애(olfactory disorder)란 냄새를 제대로 맡지 못하거나 전혀 느낄 수 없는 상태를 말한다. 후각은 맛, 기억, 감정과 긴밀히 연결되어 있어, 후각 기능의 손상은 일상생활과 삶의 질에 큰 영향을 미친다.

① 후각장애의 유형

후각장애는 주로 감각 기능의 손상 정도와 원인 부위에 따라 분류된다. 후각기능이 정상보다 감소된 경우 후각감소(hyposmia)라고 하며, 향이 약하게 느껴지거나 특정 냄새를 구별하기 어렵다. 냄새를 전혀 느낄 수 없는 상태를 후각소실(anosmia)이라고 하며, 후각신경 손상, 비강 막힘, 뇌 손상 등 다양한 원인으로 발생한다. 후각과민(hyperosmia)은 특정 냄새에 지나치게 민감하게 반응하는 상태를 말하며, 드물게 신경계 이상이나 호르몬 변화와 관련하여 발생한다.

냄새를 맡아도 실제와 다르게 느끼는 상태를 후각 왜곡(dysosmia)이라고 한다. 존재하는 냄새를 다르게 느끼는 경우 착후각(parosmia), 존재하지 않는 냄새를 느끼는 경우 환후각(phantosmia)이라 한다.

② 후각장애의 주요 원인

후각장애는 다양한 원인으로 발생할 수 있으며, 그 범위는 폐쇄성 비부비동 질환, 상기도 감염, 두부 손상, 화학적 손상, 노화, 내분비·대사 이상, 신경퇴행성 질환, 종양, 정신질환 등 매우 광범위하다.

그 중 대표적인 원인은 비부비동 질환에 의한 후각장애이다. 부비동이란 얼굴뼈 속의 공기로 채워진 빈 공간을 의미한다. 부비동 내부를 덮고 있는 점막에 염증이 발생하는 것을 비부비동 질환이라고 하며 이로 인해 냄새를 감지하는 기능이 손상될 수 있다.

많은 경우 약물로 호전될 수 있지만, 염증이 장기화되거나 구조적 문제가 있는 경우에는 수술적 치료를 통해 후각 기능을 회복할 수 있다. 비부비동 질환에 의한 후각 상실은 대표적인 무후각증(anosmia)의 원인으로 알려져 있다.

또 다른 원인으로는 상기도 감염(upper respiratory tract infection)에 의한 감각성 후각장애가 있다. 상기도란 비강에서 후두까지를 포함하며, 이 부위에 감기, 독감, 바이러스 감염 등이 발생하여 후각장애가 나타난 것이다. 상기도 감염 시 후각 수용기 세포나 신경 경로에 손상이 생기면 감각성 후각장애(sensorineural olfactory loss)가 나타난다. 초기라면 약물치료와 휴식으로 회복될 수 있지만, 치료 시기가 늦어지거나 손상이 심한 경우에는 후각 기능이 상실되기도 한다.

4. 미각

음식 5가지 중 4가지는 향으로 먹는다는 이야기가 있다. 후각과 미각은 화학 자극을 통해 인체에 인지되며, 두 감각은 밀접하게 연관되어 있다. 후각과 미각 중에서보다 상세히 연구된 진행된 것은 미각이다. 단맛, 신맛, 쓴맛, 짠맛을 느끼는 수용체가 각각 발견됐고, 여기에 감칠맛 수용체도 확인돼 현재 다섯 가지 미각 수용체로 음식의 맛 대부분을 설명할 수 있다. 최근 발표된 연구결과로는 사이다처럼 톡 쏘는 탄산 맛을 감지하는 수용체(Car4)와 지글지글 구운 삼겹살에서 느낄 수 있는, 기름이 내는 지방 맛을 감지하는 수용체(CD36)도 새로운 맛으로 받아들이고 있다.

1) 미각의 구조와 기능

① 혀의 구조

맛을 느끼는 주 감각기관은 혀에 존재하는 4종류의 혀유두(lingual papillae)이다. 혀의 유두는 모양에 따라 구분한다. 가장 많은 실유두(filiform)는 불리는 실처럼 긴 모양을 하고 있으며 표면 전체에 조밀하게 분포한다. 실유두 다음으로 가장 많은 버섯유두(fungiform)는 버섯 모양이며 일반적으로 붉은색을 띠고, 혀의 윗면에 산재해 있다. 잎새유두(foliate)는 짧은 수직 주름 모양으로 혀의 양쪽에 4~5개 존재한다. 마지막으로 성곽유두(circumvallate)는 커다란 돔 모양의 구조로 혀의 안쪽에 8~15개 존재한다.

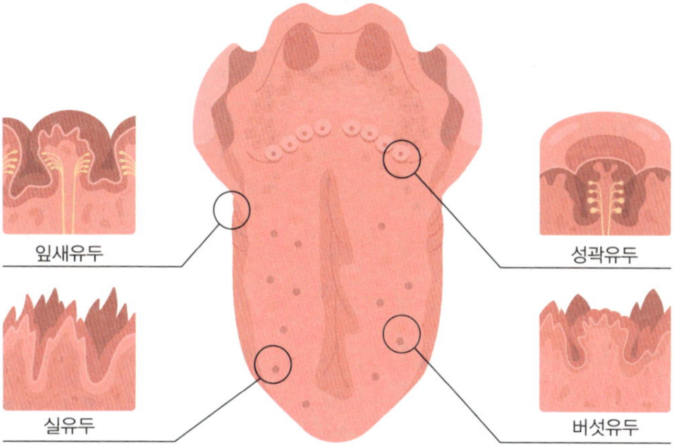

[혀의 유두 분포 및 단면 모습]

② 미뢰

혀의 유두 옆면에는 맛을 감지하는 기관인 **미뢰**(taste buds)가 존재한다. 혀 전체에는 약 1만 개의 미뢰가 있으며, 실유두를 제외한 나머지 유두에 분포한다. 미뢰 안에는 **미세포**(taste receptor cells)가 존재하며, 이 세포의 표면막에는 다양한 맛 **수용체**(taste receptors)가 있어 음식 속의 맛 분자와 결합할 때 전기적 신호를 발생시킨다. 이 신호는 미각 신경을 통해 뇌로 전달되어, 대뇌의 **미각피질**(gustatory cortex)에서 최종적으로 맛으로 인식된다.

③ 미각 신호의 전달 경로와 뇌에서의 처리

혀에는 미각 자극을 뇌로 전달하는 여러 신경이 존재한다. 혀의 앞쪽과 옆쪽 부위에서 감지된 맛 신호는 고실끈신경(chorda tympani nerve)을 통해 전달되며, 혀의 뒤쪽에서 느낀 맛은 설인신경(glossopharyngeal nerve)을 통해 전해진다. 또한 입과 목구멍 부위에서 감지된 미각 자극은 미주신경(vagus nerve)을 따라 전달된다.

이들 신경을 통해 전달된 신호는 연수(medulla)를 거쳐 시상(thalamus)으로 이동한다. 시상은 대부분의 감각 정보가 거쳐 가는 주요 중계소 역할을 하며, 이곳에서 미각 정보가 선별·조직화되어 대뇌피질로 전달된다.

이후 미각 신호는 뇌섬엽(insula), 전두덮개피질(frontal operculum cortex), 안와전두피질(orbital frontal cortex, OFC)로 이어진다. 특히 안와전두피질(OFC)은 눈 바로 위쪽에 위치하며, 맛과 냄새 자극을 통합적으로 처리하는 핵심 영역이다.

안와전두피질은 미각뿐 아니라 시각피질, 체성감각피질, 그리고 측두엽하부 후각피질로부터도 정보를 받아들인다. 이 부위에는 두 가지 이상의 감각 자극에 반응하는 이중감각 신경세포(bimodal neurons)가 존재한다. 이 세포들은 미각과 후각, 혹은 미각과 시각 자극에 동시에 반응하며, 음식의 맛과 향, 형태를 통합적으로 인식하도록 돕는다.

또한 이러한 신경세포의 활성은 단순히 자극의 종류뿐 아니라 동물의 배고픔 정도에도 영향을 받는다. 즉, 같은 음식이라도 포만 상태나 배고픈 상태

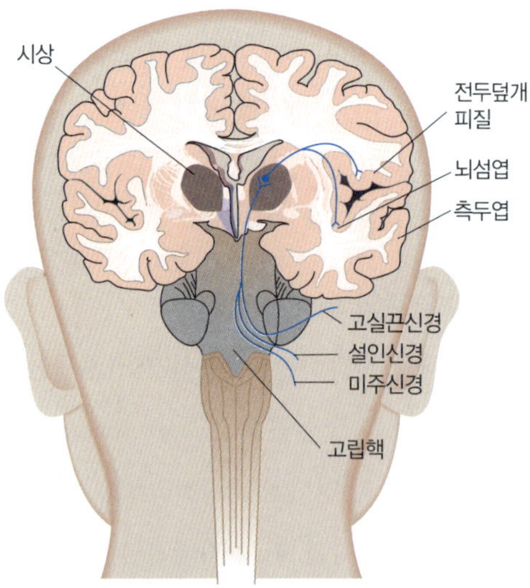

[뇌로 미각 전달 경로]

에 따라 뇌의 반응이 달라지는 것이다. 이러한 현상은 미각 정보가 단순한 감각 처리를 넘어 감정, 동기, 보상 체계와 깊이 연관되어 있음을 보여 준다.

2) 미각장애

미각장애란 맛을 정상적으로 느끼지 못하거나 전혀 인지하지 못하는 상태를 말한다. 이러한 장애는 미각의 감도에 따라 미각 저하(hypogeusia), 미각 상실(ageusia), 이상미각(dysgeusia) 등으로 구분할 수 있다. 또한 원인에 따라서 전도성 장애와 감각 신경성 장애로 구분한다.

① 전도성 미각장애

전도성 미각장애는 미각 자극이 미뢰에 도달하기 전 단계에서 신호 전달이 방해받는 경우를 말한다. 방사선 치료, 항콜린성 약물 복용, 구강 건조증, 또는 타액선 조직의 외과적 제거 등이 주요 원인이다. 또한 구강 위생이 불량한 경우, 세균이 증식하면서 입안의 불쾌한 냄새나 이물질이 미각을 방해해 일시적인 미각 저하가 나타나기도 한다.

② 감각신경성 미각장애

감각신경성 미각장애는 미각 신호를 감지하거나 뇌로 전달하는 신경에 손상이 생긴 경우를 말한다. 감기나 상기도 감염, 두부 외상 등이 흔한 원인이다. 항류머티즘제, 항암제 등의 약물 사용 후에 발생할 수도 있다. 이 경우 미뢰의 손상보다는 신경전달 이상이 주된 요인으로 작용한다. 신경 손상으로 인해 촉발된 장애라면 회복이 어려우므로, 조기 진단과 예방이 무엇보다 중요하다.

③ 기타 원인

그 밖에도 외상, 대사성 이상, 바이러스 감염, 영양 결핍, 노화, 악성 종양 등이 미각장애를 유발할 수 있다. 특히 영양 결핍에 의한 미각 저하는 비교적 흔하게 나타난다.

아연이나 비타민 A가 부족하면 미뢰의 기능이 저하되어 맛을 제대로 인식하지 못하게 되며, 이런 경우 아연이나 비타민 A 보충제를 충분히 섭취하면 대부분 미각 기능이 회복된다.

5. 촉각과 통각

1) 피부와 감각수용기

① 피부의 구조

피부는 인체에서 가장 큰 기관으로, 외부 환경으로부터 신체를 보호하는 역할을 한다. 피부는 **표피**(epidermis), **진피**(dermis), **피하조직**(subcutaneous tissue)의 세 층으로 구성되어 있다.

가장 바깥층인 표피는 각질세포로 이루어져 있으며, 끊임없이 생성과 탈락을 반복한다. 표피는 외부의 물리적·화학적 자극으로부터 몸을 보호하고, 수분이 과도하게 증발하지 않도록 하는 방어벽의 역할을 한다.

진피에는 신경, 모낭, 피지선, 땀샘 등이 포함되어 있다. 진피의 신경 말단은 통증, 온도, 접촉, 압력과 같은 다양한 감각을 감지하여 신경을 통해 뇌로 전달한다. 진피의 모낭은 머리카락과 온몸의 솜털을 생성하며, 피지선은 피지를 분비하여 피부와 모발의 수분 증발을 방지한다. 또한 땀샘을 통해 땀을 분비하여 체온을 조절한다.

피부의 가장 안쪽 층인 피하조직은 지방세포로 구성되어 있으며, 남은 에너지를 지방 형태로 저장하고 체온을 유지하는 역할을 한다. 피하조직의 두께는 성별, 연령, 영양 상태 등에 따라 다르게 나타난다.

② 피부 기능

첫 번째, 피부의 가장 기본적인 기능은 **방어벽의 형성**이다. 피부는 외부의 세균, 자외선, 화학물질로부터 신체를 보호한다. 피부가 손상될 경우 이러한 외부 요인에 쉽게 노출된다.

두 번째로, 피부는 **감각기관**으로 기능한다. 피부에는 통증, 압력, 온도, 촉각을 감지하는 다양한 수용체가 분포해 있으며, 이 감각 정보는 신경을 통해 뇌로 전달되어 신체를 보호하는 반응을 유도한다.

세 번째 기능은 **비타민 D의 합성**이다. 피부는 햇빛에 노출되면 비타민 D를 생성하여 칼슘 흡수를 돕고, 뼈를 튼튼하게 유지하며 구루병이나 골연화증 등을 예방한다.

네 번째로, 피부는 **체온 조절과 노폐물 배출**을 담당한다. 땀샘의 분비와 혈관의 확장·수축 작용을 통해 체온을 일정하게 유지하며, 땀과 피지를 통해 노폐물을 제거한다.

마지막으로, 피부에는 우리가 잘 인식하지 못하는 **고유 수용 감각**(proprioception)과 **근육 운동 감각**(kinesthesis)이 존재한다. 고유 수용 감각은 신체의 위치와 균형을 감지하는 기능을 담당하고, 근육 운동 감각은 움직임의 방향과 세기를 인식하게 해준다.

피부에 분포한 다양한 수용체들은 압력, 진동, 열, 냉각, 통증 등 외부 자극을 세밀하게 구분하여 뇌로 전달한다.

③ 촉각의 신호 전달 경로와 감각 수용체

피부에는 다양한 형태의 감각 수용체(mechanoreceptor)가 분포해 있다. 이들은 외부의 자극을 감지하여 전기 신호로 변환하고, 이를 말초 신경을 통해 척수와 뇌로 전달한다. 감각의 종류에 따라 수용체의 구조와 기능은 서로 다르며, 이들 중 촉각과 관련된 주요 수용체는 다음과 같다.

메르켈 소체(Merkel's corpuscle)는 표피 바로 아래에 위치하며, 피부 표면이 어느 부위에서 얼마나 변형되는지를 감지한다. 지속적인 압력이나 질감을 인식하는 대표적인 촉각 및 위치 감지기로 작용한다.

마이스너 소체(Meissner's corpuscle)는 표피에 가까운 진피 상부에 존재하며, 부드러운 접촉이나 미세한 진동을 감지한다. 손끝, 입술, 혀 등 감각이 예민한 부위에 특히 많이 분포하며, 피부가 자극받을 때 그 속도와 세기를 인식하는 속도 감지기로 기능한다.

루피니 소체(Ruffini's corpuscle)는 피부의 깊은 층에 위치하며, 피부가 늘어나거나 긴장될 때의 변화를 감지한다. 주로 압각(pressure) 탐지기로 작동하며, 손가락의 움직임이나 관절의 위치 감각에도 관여한다. 또한 따뜻한 온도 자극에 반응하여 온기 감지 수용체로도 작용한다.

파치니 소체(Pacinian corpuscle)는 진피 깊은 곳이나 피하조직에 자리 잡고 있으며, 빠르게 변하는 압력이나 강한 진동을 감지한다. 매우 민감한 순간 감지기로, 외부 자극의 변화를 신속히 포착한다. 이 수용체는 점막의 심층과 장간막(mesentery), 췌장(pancreas) 등 내부장기의 피막(capsule), 심장, 눈의 각막과 결막에서도 관찰된다.

크라우제 소체(Krause's corpuscle)는 표피 바로 아래에 존재하는 감각 수용체로, 루피니 소체와 함께 온도 감지 기능을 담당한다. 주로 차가운 자극에 반응하여 냉감을 인식하는 역할을 한다.

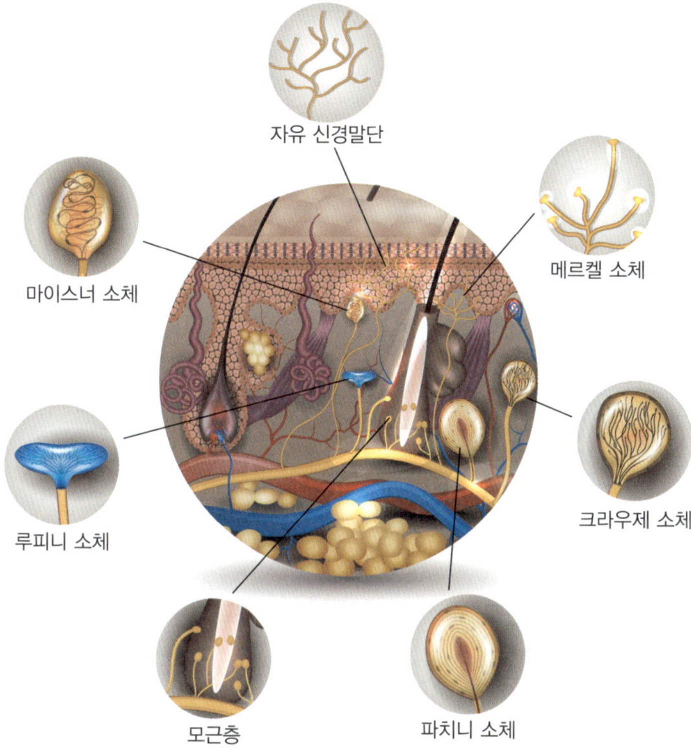

[피부에 존재하는 수용체]

이와 같이 다양한 촉각 수용체들은 서로 다른 자극에 특화되어 있으며, 외부 환경의 변화에 빠르게 반응해 신체를 보호하고 섬세한 감각을 가능하게 한다.

예를 들어, 점자책을 손끝으로 읽을 때, 피부의 촉각 수용체들이 매우 정교하게 활성화된다. 특히 손끝은 감각 수용체가 가장 밀집된 부위 중 하나로, 미세한 표면 변화나 질감의 차이를 구별할 수 있다.

④ 촉각의 정밀도 측정

촉각의 정밀도(tactile acuity)란 피부가 얼마나 세밀한 자극을 구분할 수 있는

지를 의미한다. 이를 알아보기 위해 다양한 실험적 방법이 사용된다.

가장 대표적인 방법은 **2점 임계점 검사**(2-point discrimination test)이다. 이 방법은 두 개의 뾰족한 물체 끝을 일정 간격으로 벌린 뒤 피부에 동시에 닿게 하여, 참가자가 이를 하나로 느끼는지, 두 개로 구별하는지를 판단하게 하는 실험이다.

예를 들어, 손끝이나 입술처럼 감각 수용체가 밀집한 부위에서는 두 점이 매우 가깝게 있어도 서로 다른 자극으로 인식할 수 있다. 반면, 팔뚝이나 어깨처럼 수용체 밀도가 낮은 부위에서는 일정 거리 이상 떨어져야 두 점을 구

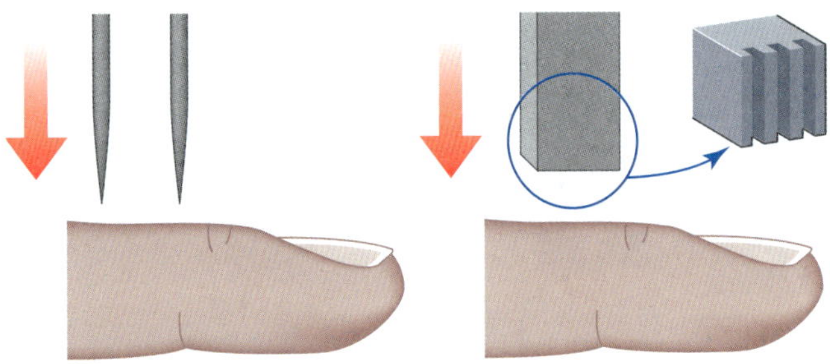

[촉각 정밀도 테스트: 2점 임계점 검사와 격자 자극 검사]

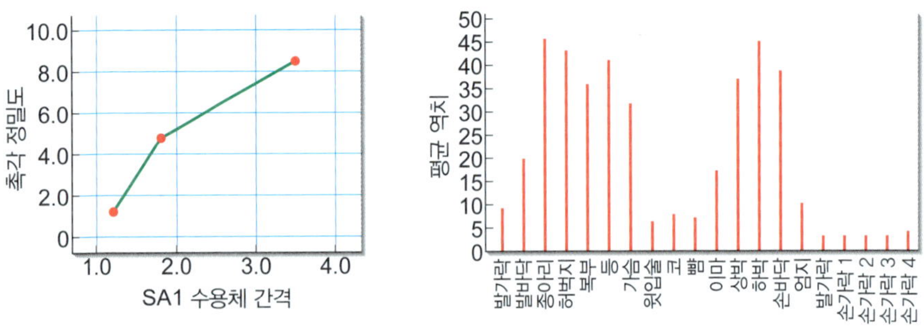

[신체 부위별 메르켈 수용체의 차이에 따른 촉각정밀도 측정]

분할 수 있다. 이 실험은 부위별 촉각 민감도를 비교하는 가장 기초적이면서도 직관적인 방법으로 널리 활용된다.

두 번째 방법은 **격자 자극 검사**(grating acuity test)이다. 이 방법에서는 피부에 홈이 새겨진 격자 형태의 자극을 가하고, 참가자가 그 격자의 방향(세로 혹은 가로)을 구분하도록 한다. 홈의 간격을 점차 좁혀가면서 어느 정도까지 정확하게 구별할 수 있는지를 측정한다. 격자 간격이 좁을수록, 피부의 감각 수용체 밀도와 신경 전달의 정밀도가 높을수록 정확히 인식할 수 있다.

이러한 촉각 정밀도는 주로 메르켈 소체의 분포 밀도와 밀접한 상관관계를 보인다. 메르켈 소체가 많이 존재하는 부위일수록 미세한 압력 차이와 질감의 변화를 구별하는 능력이 뛰어나다.

인물로 보는 뇌 이야기

촉각을 상실한 남자, 이안 워터맨(Ian Waterman, 1971~, 영국)

이안 워터맨은 영국에서 태어났으며, 19세 때 심한 바이러스성 장염을 앓은 후 목 아래 부위의 모든 촉각을 상실하였다. 이로 인해 그는 단순히 손과 발을 움직이는 것뿐 아니라, 자세 유지, 걷기, 물건 잡기 등 여러 신체 기능을 수행할 수 없게 되었다. 촉각 상실로 인해 자신의 팔과 다리가 어디에 있는지 확인할 수 없었으며, 시각 없이는 움직임을 제어할 수 없는 상태가 되었다.

이안은 촉각을 잃은 후 다시 앉기까지 2개월, 서기까지 1년 반의 시간이 걸렸다. 이후 몇 달이 지나 아주 느린 걸음으로 걷기 시작했고, 반복적인 연습을 통해 팔과 다리를 움직일 수 있게 되었지만, 이전과 같은 정교한 움직임은 회복되지 않았다. 그는 팔과 다리의 위치를 시각적으로 확인해야만 움직일 수 있었으며, 눈으로 보지 않는 상태에서는 자신의 동작을 스스로 조절할 수 없었다.

이안이 촉각을 완전히 상실한 상태에서도 남아 있던 감각은 온도와 통증이었다. 그는 바닥에 수천 번 넘어지면서도, 바닥이 단단한지, 부드러운지 등 촉각 정보는 느낄 수 없었지만, 넘어진 부위의 차가운 온도와 아픈 통증은 여전히 전해졌다. 이안을 통해 연구자들은 피부에서 뇌로 전달되는 감각 경로가 한 가지가 아니라 두 가지 존재함을 알게 되었다.

실제 피부에서 뇌피질로 전달되는 경로는 예상과 같이 2가지 경로이다. 그중 하나는 **내측림프절경로**(medial lemniscal pathway)이며 이 경로를 통해 고유 수용기 감각과 접촉 정보를 전달한다. 또 하나의 경로는 **척수시상경로**(spinothalamic pathway)이고 온도와 통증을 전달한다. 이안의 경우 두 가지 경로 중 내측림프절경로만 손상되어 촉각에 대한 정보는 뇌로 전달하지 못하지만 척수시상경로는 손상되지 않았기 때문에 온도와 통증에 대한 정보는 뇌로 전달된다.

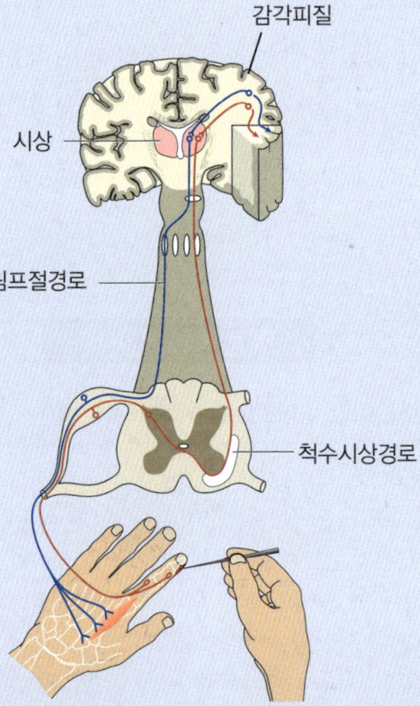

[피부에서 뇌까지 전달되는 두 가지 경로: 척수시상경로와 내측림프절경로]

⑤ 통증 인식 뇌영역

통증은 단순한 감각 신호가 아니라, 뇌에서 복잡하게 처리되는 인지 경험이다. 통증 인식과 관련된 뇌 영역은 시상, 시상하부, 해마, 편도체, 전측대상피질, 감각피질, 뇌섬엽 등이다.

시상은 체성감각 정보를 대뇌로 전달하는 중계 역할을 하며, 통증 신호를 대뇌피질로 전달한다.

시상하부는 뇌의 하부에 위치한 자율신경계 조절 및 생체리듬 조절 부위로, 통증 조절에도 중요한 역할을 담당한다.

변연계에는 해마와 편도체가 포함되며, 통증과 관련된 정서, 기억, 스트레스 반응을 처리한다.

대뇌피질 영역(cortical areas)으로는 **체성감각피질**이 있다. 이 영역은 통증의 위치와 강도를 인지한다. **뇌섬엽**(insula)은 통증의 주관적 불쾌감을 담당하고, **전측대상피질**(anterior cingulate cortex, ACC)은 통증과 관련된 정서적 반응을 조절하고 주의 집중을 담당한다.

통증은 흥미롭게도 인지적 조절이 가능하다. 예를 들어, 통증의 의미를 재해석하거나 주의를 다른 곳에 집중하면 통증이 감소할 수 있으며, 위약효과를 통해 실제 통증이 줄어들기도 한다.

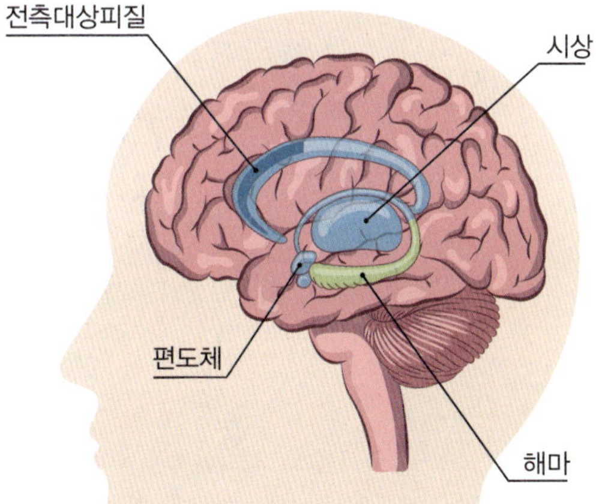

[통증 인식 뇌영역]

2) 촉각(통각) 장애: 통각상실증

통증은 불쾌한 감각이지만, 우리 몸을 해로울 수 있는 자극으로부터 보호하는 중요한 역할을 한다. 그러나 통증을 느끼는 기관, 신경 전달 경로, 혹은 뇌의 일부에 문제가 생기면 통증을 제대로 느끼지 못하게 된다. 이를 통각상실증(analgesia)이라고 한다.

통각상실증의 가장 큰 문제는 위험한 상황에서 신체를 보호할 수 없다는 점이다. 예를 들어, 상처가 생기거나 멍이 들 때 통증을 느끼지 못해 신체 손상을 조기에 인지하거나 대처할 수 없다. 대부분의 환자는 통각 상실과 함께 뜨겁거나 차가운 자극도 느끼지 못한다.

통각상실증은 다양한 원인으로 발생할 수 있다. 약물, 외상, 당뇨와 같은 만성 질환, 또는 유전적 요인에 의해 신경 경로가 손상되면 통각상실증이 나타날 수 있다. 대체로 신경 손상에 기인하므로, 현재까지 통각상실증 자체를 완전히 치료할 방법은 없다. 또한 증상이 지속되거나 악화되는 경우가 많기 때문에, 환자의 안전을 위한 지속적 관리와 주의가 필요하다.

5장

학습과 기억, 그리고 언어

1. 대뇌 연합피질

대뇌 연합피질은 감각 정보를 단순히 받아들이는 것을 넘어, 여러 감각 정보를 통합하여 인지, 기억, 계획, 행동에 이르기까지 고차원적 기능을 수행하는 영역이다. 연합피질은 크게 두정엽, 측두엽, 전두엽으로 나눌 수 있다.

두정엽 연합피질(parietal association cortex)은 시각, 청각, 체성감각 등 다양한 감각 정보를 통합하여 주변 환경을 인식하고, 공간적 사고와 주의 집중을 담당한다. 특히 "어디에 주의를 기울일 것인가"를 결정하며, 손과 눈의 협응, 위치 판단 등 행동과 관련된 공간적 기능을 수행한다.

측두엽 연합피질(temporal association cortex)은 시각과 청각 정보를 받아 물체를 인식하고, 언어를 이해하며, 기억을 형성하는 역할을 한다. 예를 들어, 빨간 사과를 보았을 때 그것이 무엇인지 인식하고, 과거 경험과 연결하여 기억하는 과정이 측두엽에서 이루어진다.

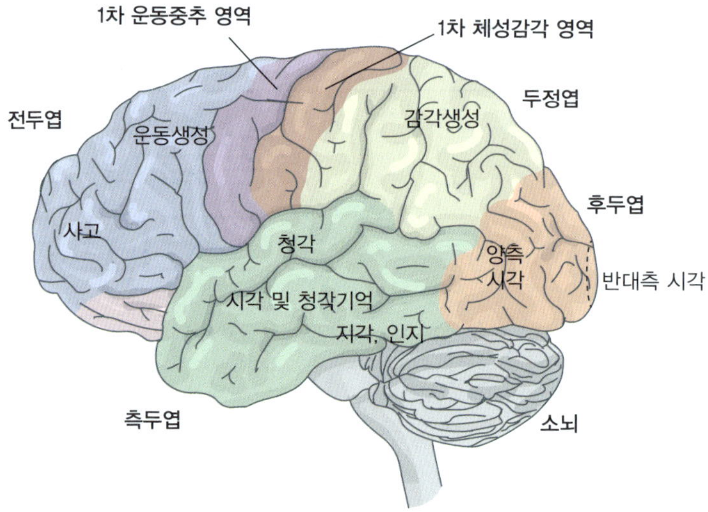

[전두엽, 두정엽, 측두엽의 역할]

전두엽 연합피질(frontal association cortex)은 운동 계획과 실행, 지적 기능, 창의적 사고를 담당하며, 성격과 사회적 행동, 장기적 목표 설정과 행동 통제에도 관여한다. 따라서 새로운 아이디어를 떠올리고 계획을 세우며, 전략적으로 행동하는 능력은 전두엽과 깊은 관련이 있다.

결론적으로, 대뇌 연합피질은 단순한 감각 처리에서 벗어나 인지, 기억, 계획, 행동을 통합적으로 조절하며, 인간의 고차원적 정신 기능을 가능하게 하는 중요한 뇌 영역이다.

1) 두정엽

두정엽은 공간적 사고와 감각 정보 통합을 담당하는 뇌 영역이다. 공간에서 자신의 위치와 물체와의 관계를 파악하고, 시각 정보를 포함한 다양한 감각 정보를 통합하여 인식하는 역할을 수행한다. 또한 촉각, 압각, 통각, 온도 등 다양한 체성감각 정보가 두정엽을 통해 처리된다.

두정엽에 이상이 발생하면 여러 기능에 문제가 나타날 수 있다. 대표적으로 **감각장애**가 있으며, 통증, 온도, 촉각 등 감각 기능에 장애가 나타날 수 있다. 또한 공간에서 자신의 위치나 물체와의 거리를 제대로 인식하지 못하는 공간 인식 장애가 발생할 수 있다.

특히 두정엽 병변에서 나타나는 특이한 증상 중 하나는 **대측무시증후군**(contralateral neglect syndrome)이다. 이 증상은 주로 오른쪽 두정엽 손상에서 나타나며, 왼쪽 공간을 무시하게 된다. 예를 들어 왼쪽 팔다리에 옷을 입지 못하거나, 왼쪽 얼굴을 면도하지 못하는 등의 행동장애가 발생한다.

또 다른 흥미로운 증상은 **실행증**(apraxia)이다. 실행증은 근육 기능과 감각이 정상이고, 의식에도 변화가 없음에도 불구하고, 특정한 동작을 수행하지 못하는 상태를 말한다. 두정엽은 다양한 정보를 연결하는 교차로 역할을 하기 때문에, 눈꺼풀 실행증이나 입 움직임 실행증과 같은 증상이 나타날 수 있다.

인물로 보는 뇌 이야기

두정엽의 사나이, 알베르트 아인슈타인(1879~1955)

알베르트 아인슈타인은 독일 태생의 유태인으로, 물리학을 전공한 후 스위스 베른의 특허국에서 근무하며 연구를 이어갔다. 그는 1905년 특수상대성이론, 1916년 일반상대성이론을 발표하였고, 1921년 노벨 물리학상을 받으며 세계적으로 이름을 알렸다. 1933년 나치를 피해 미국으로 망명하였으며, 미국의 프린스턴 고등연구소에 자리를 잡아 다양한 연구를 진행하였다.

1955년 4월 18일, 천재 물리학자 아인슈타인은 뇌출혈로 76세의 삶을 마감하며 자신의 시신을 화장해 달라고 유언을 남겼다. 하지만 그의 부검을 맡았던 프린스턴 병원의 병리학자 토마스 하비(Thomas Harvey)는 가족들이 모르게 아인슈타인의 뇌를 훔쳤다. 그는 부검 과정에서 뇌를 뺀 아인슈타인의 시신을 가족들에게 인도하고, 남겨진 아인슈타인의 뇌를 방부 처리하여 보관했다. 보통 사람들보다 특별할 것 같았던 아인슈타인의 뇌는 평범했다. 무게는 1,230g이었고 남자 평균 뇌 무게가 1,400g인 것과 비교하면 평균보다도 작은 크기였다.

이처럼 아인슈타인의 뇌에서 특별한 차이점을 발견하지 못했음에도 하비 박사는 20년여 년 동안 뇌를 가지고 있었다. 그리고 1978년 하비 박사의 이야기를 우연히 듣게 된 저널리스트 스티븐 레비(Steven Levy)가 하비를 추궁하며 비밀이 세상에 밝혀지게 되고, 이후 아인슈타인의 뇌에 대한 본격적인 연구가 시작된다.

UC버클리 대학의 마리안 다이아몬드(Marian Diamond, 1926 ~2017) 교수팀은 아인슈타인의 뇌의 두정엽 부분에서 일반인과 아인슈타인의 차이점을 발견한다.[1] 아인슈타인의 두정엽은 일반인보다 아교세포 수가 약 15% 많았고, 두정엽 크기도 약 1cm 정도 더 컸다. 또한 뇌량의 두께와 길이가 일반 노인 집단보다 길고 두꺼워 좌·우뇌 연결성이 높았다. 또한 실비우스열(Sylvian fissure)이 짧게 존재하여 전두엽과 두정엽의 연결성이 향상되었으며, 이는 수학적 사고와 시공간 인식 능력 향상에 영향을 준 것으로 추정된다. 이러한 특징들 덕분에 아인슈타인의 뇌는 두정엽이 발달한 뇌로 유명하며, 현재 아인슈타인의 뇌는 미국 펜실베니아주의 뮤터 박물관(Mutter Museum)에 보관되어 있다.

[아인슈타인의 뇌를 연구한 마리안 다이아몬드 교수]

(출처: DocumentarianX, CC BY-SA 4.0, Wikimedia Commons)

2) 측두엽

대뇌의 양쪽 측면에 위치하며, 주로 기능으로 기억, 언어 이해, 청각 및 감정 처리를 수행한다. 측두엽 안쪽에는 주요한 해마는 단기 기억을 장기 기억으로 전환하는 데 중요한 역할을 한다.

뇌에서 감정과 기억의 처리는 **해마**와 **편도체**에서 담당하고 있다. 해마는 새로운 기억을 형성하고 저장하며, 편도체는 공포, 분노, 불안과 연관된 감정을 처리한다. 측두엽, 특히 해마 부위에 병변이 발생하면 기억상실이 발생하고, 편도체 부위에 문제가 생기면 두려움이나 공격성 같은 감정이 사라지는 문제가 나타난다. 예를 들어 쥐의 편도체를 제거하면 고양이를 만나도 두려워하지 않는 모습을 보일 수 있다.

또한 측두엽은 언어를 담당하는 뇌로 알려져 있으며 해당 영역의 손상은 **실어증**(aphasia)을 초래할 수 있다. 말하기, 듣기, 읽기, 쓰기 이상이 발생할 수 있으며 특히 베르니케 실어증이 나타난다. 베르니케 실어증은 언어를 이해하는 영역이 손상되어 나타나는 실어증으로 타인의 말을 이해하지 못하며, 말을 따라 하는 것도 불가능하다.

측두엽 손상으로 발생할 수 있는 또 다른 문제로는 자극을 인지하지 못하는 **실인증**(agnosias)이 있다. 시력에 장애가 없음에도 불구하고 보고 있는 사물이 무엇인지 인식하지 못하는 경우이다. 예를 들어 시각실인증이 발생한 환자에게 '사자' 사진을 보여주면 사자를 그대로 따라 그릴 수 있으며, '동물의 왕이 누구인가?'라는 질문에도 '사자'라고 대답할 수 있다. 그러나 '사자' 그림을 보여줘도 무엇인지 인식하지 못한다. 이와 같이 측두엽의 손상으로 물체를 인식하지 못하는 것이 시각실인증이다. 측두엽의 손상 부위와 손상 정도에 따라 시각실인증뿐만 아니라 청각 정보를 인지하지 못하는 청각실인증이 발생하기도 한다.

3) 전두엽

전두엽은 뇌의 가장 앞쪽에 위치한 영역으로, 인간의 지적이고 창의적인 기능을 담당하는 대표적인 뇌 부위이다. 행동 계획, 의사 결정, 문제 해결, 감정 조절, 사회적 판단 등 고차원적 인지 기능의 중심 역할을 한다.

특히 전두엽의 앞부분인 **전전두피질**(prefrontal cortex)은 작업 기억, 주의 집중, 목표 지향적 행동에 관여하며, 들어온 정보를 논리적으로 분석하고 판단하는 기능을 담당한다. 전두엽은 이와 같은 기능을 통해 상황에 맞는 행동을 선택하고, 미래를 예측하며, 올바른 결정을 내릴 수 있도록 한다.

또한 전두엽은 정서와 인격 형성에도 중요한 역할을 한다. 특히 **안와전두피질**(orbitofrontal cortex)은 감정적인 정보를 조절하고, 사회적 상황에서 적절한 행동을 하도록 통제하는 데 핵심적인 기능을 수행한다. 전두엽은 타인과의 관계를 이해하고 공감하는 능력, 유머를 이해하고 표현하는 능력에도 관여한다. 즉, 인간다움과 사회적 행동의 기반이 되는 영역이라 할 수 있다.

전두엽에 손상이 발생하면 다양한 문제점이 나타날 수 있다. 가장 대표적인 것은 성격 변화와 감정 조절 장애이다. 평소 온화하던 사람이 충동적이고 공격적으로 변하거나, 사회적 규범을 지키지 못하는 행동을 보이기도 한다. 또한 집중력 저하, 판단력 결여, 계획 능력의 상실, 문제 해결 능력 저하 등이 나타날 수 있다. 심한 경우, 감정 표현이 둔해지고 의욕이 감소하는 무감동증이 나타나거나, 반대로 감정이 과도하게 분출되는 감정 폭발이 발생하기도 한다.

전두엽 손상으로 인한 대표적인 사례는 철도 사고로 성격이 급변한 피니어스 게이지(Phineas Gage)의 경우이다. 사고 전 게이지는 성실하고 침착한 성격이었지만, 전두엽 손상 이후 충동적이고 무책임한 성격으로 변하였다. 이 사례는 전두엽이 인간의 성격과 사회적 행동을 조절하는 데 중요한 역할을 한다는 것을 보여준다.

2. 학습과 기억

1) 학습

학습이란 새로운 정보를 습득하는 과정으로, 교육이나 경험을 통해 새로운 지식이나 기술을 익히는 인간의 능력을 의미한다. 학습은 일반적으로 **연합학습**(associative learning)과 **비연합학습**(non-associative learning)으로 구분된다.

① 연합학습

두 사건을 서로 연관시켜 하나의 관계로 학습하는 형태를 연합학습이라고 한다. 연합학습에 관한 흥미로운 연구들이 여러 학자에 의해 진행되었으며, 몇 가지 사례를 통해 살펴보자.

러시아의 과학자 이반 파블로프(Ivan Petrovich Pavlov, 1849~1936)는 사육 중인 개에게 먹이를 주면 개가 사료를 받기 전부터 침을 흘리는 것을 발견한다. 누군가는 그냥 넘겼을 일이지만, 파블로프는 이 현상의 중요성을 놓치지 않고 새로운 연구를 설계한다.

개에게 먹이를 주기 전에 종소리를 들려주는 실험을 반복하자 며칠 후 개는 밥을 주지 않고 종소리만 들려주어도 침을 흘리게 되었다. 파블로프의 연구처럼 특정 자극(종소리)과 자연스러운 반응(침 분비)이 연결되어 학습이 일어나는 과정을 **고전적 조건형성**(classical conditioning)이라고 한다.

한편, 미국의 심리학자 버러스 스키너(Burrhus Frederic Skinner, 1904~1990)는 **'스키너 상자'**라고 하는 상자를 만들어 실험하였다. 상자 안에는 지렛대를 설치하여, 쥐가 지렛대를 누르면 먹이가 나오도록 설계하였다. 이 상자에 배고픈 쥐를 넣으면, 처음에는 우연히 지렛대를 눌러 먹이를 얻던 쥐가, 반복되는 경험을 통해 지렛대를 누르면 먹이가 나온다는 사실을 학습하게 된다. 이처럼 특정 행동이 보상과 연결될 때 그 행동이 강화되는 과정을 **강화**(reinforcement)라고 한다. 장학금이나 승진이 우리가 일상에서 만나는 대표적인 보상에 의한 강화 학습에 해당한다. 이러한 유기체가 자발적인 행동과 능동적인 결과 사이의 관계를 학습하는 것을 **조작적 조건형성**(operant conditioning)이라 한다.

② 비연합학습

비연합학습은 두 사건을 연결하지 않고, 하나의 자극에 대한 반응이 반복을 통해 변화하는 학습을 의미한다. 대표적으로 **습관화**(habituation)와 **민감화**(sensitization)가 있다.

습관화(habituation)는 반복되는 자극에 점점 반응이 줄어드는 현상으로, 학습의 가장 단순한 형태 중 하나이다. 예를 들어 처음에는 창밖의 자동차 경적이 신경 쓰이지만, 반복적으로 들리면 점차 신경을 쓰지 않게 되는 것이 습관화에 해당한다.

반대로 민감화(sensitization)는 특정 자극에 대해 반응이 점점 커지는 현상이다. 위협적이거나 충격적인 경험 이후, 비슷한 자극에 과도하게 반응하는 경우가 이에 해당한다. 예를 들어 전쟁을 겪은 사람이 비행기 소리만 들어도 불안감을 느끼는 것은 민감화의 전형적인 예이다.

2) 기억

기억(memory)은 정보를 저장하고 유지하며 다시 인출하는 기능을 의미한다. 이는 학습의 결과로, 경험한 내용을 뇌에 저장하고 필요할 때 다시 떠올릴 수 있게 한다. 즉, 기억은 학습된 정보가 시간이 지나도 지속되어 미래의 행동에 영향을 미치는 과정이다.

기억은 단순히 정보의 저장만이 아니라, 학습을 통해 뇌의 신경세포와 시냅스 연결이 변화하는 신경가소성(plasticity) 과정을 포함한다. 이러한 변화는 경험을 뇌 속에 흔적으로 남기며, 학습이 기억으로 전환되는 기반이 된다.

① 기억형성의 연구

오스트리아 출신의 신경과학자 에릭 캔들(Eric R. Kandel)은 거대 바다달팽이(aplysia)를 이용한 '아가미 방어 반사 실험'을 통해 기억 형성 과정의 생물학적 원리를 밝혔다.[2] 그는 학습과 기억 과정에서 시냅스의 구조와 기능이 변화함을 규명하였으며, 단기기억과 장기기억이 분자 수준에서 서로 다르게 작용함을 밝혔다. 캔들은 뇌에 기억이 저장되는 신경학적 메커니즘을 밝혀낸 공로를 인정받아 2000년 노벨생리학상을 받았다.

② 단기기억과 장기기억

기억은 저장 시간의 길이에 따라 단기기억(short-term memory)과 장기기억(long-term memory)으로 나눌 수 있다.

단기기억(short-term memory)은 짧은 시간 동안 정보를 유지하는 것으로, 감각기관을 통해 들어온 자극이 잠시 저장되는 상태를 말한다. 그러나 대부분의 단기기억은 수 초에서 수 분 내에 잊히며, 반복이나 강화가 이루어지지 않으면 장기기억으로 전환되지 않는다.

단기기억이 반복되어 뇌의 시냅스 연결이 강화되면, 정보는 **장기기억**(long-term memory)으로 저장된다. 예를 들어, 어린 시절 외운 구구단을 지금까지 기억하는 것은 해당 정보가 장기기억으로 저장되었기 때문이다.

장기기억은 해마(hippocampus)와 편도체(amygdala)가 위치한 내측두엽(medial temporal lobe)에서 형성된다. 해마는 뇌에서 끊임없이 세포가 생성되는 흔치 않은 영역 가운데 하나이며, 새로운 정보를 저장하고 이를 대뇌피질로 전달하여 장기기억으로 고정시키는 역할을 한다.

이 과정에서 시냅스의 연결 효율성이 증가하는데, 이를 **장기시냅스강화**(long-term potentiation, LTP)라고 한다. LTP는 반복적인 학습이나 경험을 통해 신경 신호 전달 능력이 강화되는 현상으로, 장기기억의 신경학적 기반이 된다.

장기 기억은 선언적 기억과 비선언적 기억의 두 가지로 나누어진다.

선언적 기억(declarative memory)은 사실과 사건에 대한 기억을 의미한다. 예를 들어 수학 공식을 암기하거나 역사적 사건, 외국어 단어의 의미를 기억하는 것이 이에 해당한다.

비선언적 기억(non-declarative memory)은 절차기억(procedural memory)이라고도 하며, 기술이나 습관처럼 의식하지 않아도 수행할 수 있는 기억이다. 자전거 타기, 자동차 운전, 퍼즐 맞추기와 같은 운동기술 학습이 대표적이다. 이러한 기억은 의식적 노력 없이 자동적으로 실행된다.

③ 망각

망각(forgetting)이란 장기기억 속에 저장된 정보나 지식을 잃어버리는 현상을 말한다. 독일의 실험심리학자 에빙하우스(Hermann Ebbinghaus, 1850~1909)는 인간의 기억과 망각에 대한 최초의 과학적 연구를 수행하였다. 그는 시간이 지남에 따라 기억이 어떻게 사라지는지를 실험을 통해 측정하고, 그 결과를 **망각곡선**(forgetting curve)으로 제시하였다.

에빙하우스의 망각곡선에 따르면, 학습 직후 가장 빠른 속도로 기억이 소실되며, 학습 후 20분이 지나면 약 42%를, 1시간 후에는 56%, 하루 후에는 67%, 한 달이 지나면 약 79%의 내용을 잊어버린다고 보고하였다.

에빙하우스는 망각곡선을 바탕으로 효율적인 학습방법을 제안한다. 학습 후 즉시 복습하면 기억은 하루 이상 유지되고, 여러 차례 반복하면 장기 기억

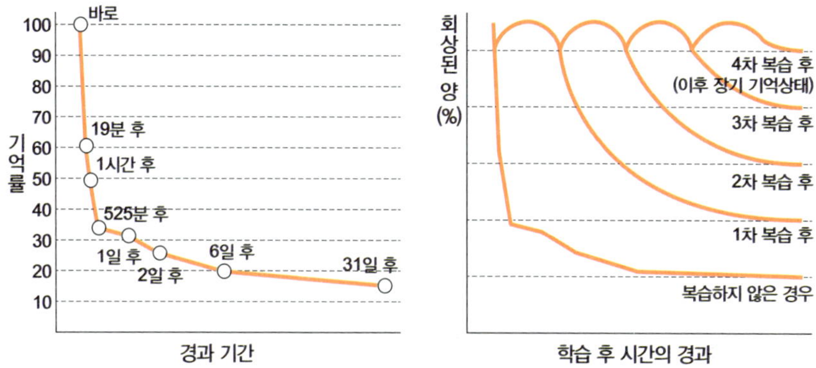

[에빙하우스의 망각 곡선]

으로 남게 된다는 것이다. 또한 처음 학습할 때 충분한 주의와 집중을 기울일수록 기억이 오래 지속된다. 다만 그의 연구는 자기 자신만을 대상으로 한 실험이었으며, 단순 암기 과제에 한정되었다는 한계가 있다.

3) 기억상실

기억상실증(amnesia)이란 과거의 경험이나 알고 있던 일을 기억하지 못하는 상태를 말한다. 일시적으로 어떤 사실이 떠오르지 않는 건망증과는 달리, 기억상실은 기억 기능의 현저한 손상을 의미한다.

① 기억상실의 유형과 증상

완전 기억상실은 기억이 불가능한 상태이다. 신체적인 혹은 정신적인 문제로 인해 발생할 수 있으며, 외상으로 뇌가 심각하게 손상되었을 때 발생하기도 한다.

부분 기억상실에는 장기 기억상실과 단기 기억상실이 있다. 과거의 기억을 부분적으로 잊어버리는 것은 장기 기억상실이라고 하며, 정상적인 망각 과정과 구분하기 어려울 수 있다. 바로 전에 일어났던 일을 기억하지 못할 때는 단기 기억상실이라 한다.

역행성 기억상실증(retrograde amnesia)은 외상 전에 발생한 사건에 대한 기억을 잃어버리는 것이다. 영화 〈럭키(2016년)〉 속 주인공 형욱(유해진)은 목욕탕에서 비누를 밟고 넘어지며 과거에 대한 기억을 모두 잃어버리게 된다. 이처럼 외상으로 인해 그 전의 기억을 모두 잊어버리는, 영화에 단골로 등장하는 기억상실증이 역행성 기억상실증에 해당한다.

순행성 기억상실증(anterograde amnesia)은 발병 시점 이후의 경험에 대한 새로운 기억을 저장하지 못하는 증상이다. 크리스토퍼 놀란(Christopher Nolan) 감독의 유명한 영화 〈메멘토(2000년)〉의 주인공 레너드는 아내가 살해된 사건의 충격으로 단기 기억상실증에 걸린다. 이후 10분 이상 기억을 지속하지 못하는 증상을 보이는데 이는 대표적인 순행성 기억상실증이다.

해리성 기억상실증(dissociative amnesia)은 특정 기간의 기억을 선택적으로 상실하며, 주로 외상이나 심리적인 스트레스가 원인이 된다. 예를 들어 강간이나 충격적인 사고를 겪은 후에 발생할 수 있다.

② 기억상실의 발생원인

기억상실의 원인은 다양하며, 신체적 손상과 심리적 요인이 모두 작용할 수 있다. 신체적 원인으로는 저산소증, 저혈당, 뇌졸중, 외상, 뇌종양, 발작, 심정지, 약물(항불안제 · 대마초 등)으로 발생할 수 있다. 또한 알츠하이머병, 알코올성 치매(코르사코프 증후군)와 같은 신경퇴행성 원인으로도 발생 가능하다. 외상이나 극심한 스트레스, 정신적 충격 등과 같은 심리적 원인에 의해서도 발생한다. 특히 코르사코프 증후군(Korsakoff's syndrome)은 알코올 남용으로 인한 비타민 B1(티아민) 결핍이 원인으로, 새로운 기억을 저장하지 못하는 영구적 기억상실이 나타난다.

③ 진단 및 치료

기억상실의 진단은 신경인지검사를 통해 기억력 저하 여부를 확인하고, CT, MRI 등의 영상검사를 통해 뇌의 구조적 손상 여부를 평가한다. 치료는 원인에 따라 다르며, 다음과 같은 접근이 필요하다. 기억상실로 인한 문제에 대응할 수 있도록 가까운 사람의 정서적인 지지가 필요하다. 일상생활과 사회 적응을 위한 인지 재활 치료, 생활 습관 개선, 기억력 훈련에 대한 치료가 필요하다. 또한 균형 잡힌 식사와 규칙적인 운동 습관을 지원하는 것이 도움이 된다.

책으로 보는 뇌 이야기

"영원한 현재의 사나이" 헨리 몰레이슨(Henry Gustav Molaison, H.M., 1926~2008)

헨리 몰레이슨은 7세 때 자전거 사고로 머리를 다친 이후, 10세 무렵부터 간질 증상이 나타났다. 약물 치료를 지속하며 학업과 일을 병행했지만, 23세가 되던 해부터 심한 전신 발작이 시작되어 정상적인 생활이 어려워졌다.

주치의였던 윌리엄 스코빌(William Beecher Scoville) 박사는 그를 위해 1953년, 양측 내측 측두엽(medial temporal lobes)을 절제하는 수술을 시행하였다.

수술을 받고 몰레이슨의 간질 증상은 통제되었지만, 예상치 못한 심각한 문제가 발생한다. 그는 새로운 기억형성능력, 즉 단기기억을 장기기억으로 변환하는 능력을 완전히 상실했다. 몰레이슨이 수술로 제거한 부위에는 해마(hippocampus), 편도체(amygdala), 내후각피질(entorhinal cortex) 등이 포함되어 있었고, 이로 인해 그는 2008년 생을 마감할 때까지 '과거를 기억하지 못한 채, 오직 현재 속에서만 살아가는 삶'을 살게 되었다.

해마의 역할을 밝힌 연구

몰레이슨의 사례는 브렌다 밀너(Brenda Milner) 교수가 주도한 연구를 통해 세상에 알려졌다. 밀너는 맥길대학교 심리학과 대학원 시절, 와일더 펜필드(Wilder Penfield) 박사와 함께 측두엽 손상으로 기억상실이 발생한 환자들을 연구하고 있었으며, 이 과정에서 스코빌 박사와 협력하게 되었다. 두 사람은 1957년 「양측 해마 손상 이후 최근 기억의 상실(Loss of Recent Memory after Bilateral Hippo-campal Lesions)」이라는 논문을 발표하였다.

이 연구는 해마와 인접한 내측 측두엽 구조가 장기기억 형성에 필수적인 역할을 한다는 사실을 세계 최초로 입증하였으며, 이후 기억 연구의 전환점이 되었다.[3]

기억은 잊었지만, 기술은 남았다 – 거울 보고 선 긋기 실험

밀너 교수는 몰레이슨의 새로운 학습 능력을 평가하기 위해 다양한 실험을 실시하였다.[4] 그중 대표적인 것이 **거울보고 선 긋기**(mirror-drawing) 과제이다. 몰레이슨에게 손과 연필이 가려진 채, 거울에 비친 별 모양의 선을 따라 그리게 하였고, 선 밖으로 벗어나지 않도록 요구하였다.

이 과제는 시각-운동 협응 능력을 요구하는 새로운 운동 학습이었다. 그는 매일 반복 훈련을 통해 오류 횟수를 점차 줄였으며, 3일째에는 거의 완벽하게 수행하였다. 놀라운 점은, 그가 이 과제를 이전에 수행한 기억이 전혀 없었다는 것이다. 이 결과는 운동기술학습(procedural learning)과 같은 비선언적 기억이 해마 외의 뇌 영역(기저핵, 소뇌 등)에 저장된다는 사실을 보여주었다. 즉, '무엇을 기억하는 능력(선언적 기억)'은 잃었지만, '어떻게 하는가를 배우는 능력(비선언적 기억)'은 유지되었다는 것이다. 몰레이슨이 획득한 운동 기술은 다른 기억 회로를 통해서 습득되는 것이라고 밀너 박사는 추측했다.[5]

몰레이슨과 평생을 함께한 연구자들

밀너 교수의 제자인 수젠 코킨(Suzanne Corkin, 1937~2016) 역시 몰레이슨 연구를 평생 이어갔다. 1962년 처음 만나 MIT에서 뇌인지과학 교수로 재직하는 동안, 46년 동안 그의 삶과 연구를 함께했다. 몰레이슨은 잠시 자리를 비운 실험자를 다시 봐도 매번 처음 만난 사람처럼 인사해야 했지만, 코킨 박사는 그를 연구 대상인 동시에 가족처럼 돌보았다.

그녀는 『영원한 현재 H.M.』이라는 저서를 통해 몰레이슨의 삶과 연구의 의미를 기록하였다.[6] 이 책에는 몰레이슨에 대한 연구, 다양한 에피소드가 담겨 있다. 온종일 실험실에 마주 앉아 있다가도 누가 화장실만 다녀와도 다시 자기 소개를 하고 처음부터 새로 시작해야 하는 몰레이슨의 삶에 대한 애환도 적혀 있다. 통증에 대한 자각도 하지 못하던 몰레이슨의 건강을 곁에서 살피고, 몸이 아프면 무료 진료를 받을 수 있도록 도왔다. 또한 세계 각국에서 함께 연구하기 위해 찾아오는 연구자들의 제안서를 살피며, 올바른 연구에 참여할 수 있도록 지켜주었다.

[헨리 몰레이슨과 브렌다 밀너]
(출처: Eva Blue, CC BY 2.0, Wikimedia Commons)

3. 언어

언어는 인간이 생각을 표현하고 감정을 나누며, 서로의 의사를 전달하는 가장 중요한 소통 수단이다. 우리가 글을 읽거나 말을 들을 때, 그 정보는 먼저 시각피질과 청각피질에서 처리되고, 이후 언어의 이해와 표현을 담당하는 베르니케 영역(Wernicke's area)과 브로카 영역(Broca's area)으로 전달된다. 마지막으로, 운동피질이 혀와 입술 등의 근육을 조절하여 실제 발화를 가능하게 한다. 언어 생성과 이해에 관한 연구는 19세기 두 신경학자에 의해 결정적인 전환점을 맞았다.[7]

1) 말을 만들어 낸 뇌의 영역–폴 브로카(Paul Broca, 1824~1880)

프랑스의 의사이며 해부학자인 브로카는 1865년에 환자 르보르뉴(M. Leborgne)를 진료하게 되었다. 약 20년간 뇌전증을 앓았던 르보르뉴는 오른쪽 신체가 마비되어 있었으며, 말하기에 심한 장애가 있었다. 르보르뉴는 "TAN"이라는 별명으로 불렸는데 그 이유는 그가 "TAN, TAN, ……." 이라는 발음 이외에는 전혀 말을 하지 못했기 때문이다. 그러나 그의 사고력과 이해력은 정상이었다. 브로카는 사후 부검을 통해 르보르뉴의 좌측 전두엽 하부에 손상이 있음을 확인했고, 이 부위가 말을 생성하는 기능을 담당한다고 결론지었다. 이후 여러 환자에서 동일한 결과가 반복 확인되면서, 언어 표현을 담당하는 이 부위는 **브로카 영역**(Broca's area)이라 명명되었다. 이 사건은 프랑스를 비롯한 전 유럽에 전해지게 된다.

2) 언어 이해의 뇌 영역–카를 베르니케(Carl Wernicke, 1848~ 1905)

한편, 독일의 의사이자 신경병리학자인 카를 베르니케는 브로카와는 반대되는 증상을 가진 환자를 발견했다. 그 환자는 말은 유창하게 했지만, 내용은 비논리적이었고, 다른 사람의 말을 이해하지 못했다. 부검 결과, 환자의 좌측 측두엽에 손상이 있었으며, 이 부위는 청각 피질과 인접한 곳이었다.

베르니케는 이 부위가 언어의 의미를 이해하는 기능을 담당한다고 판단하였다. 그는 이 영역을 **베르니케 영역**(Wernicke's area)이라 불렀다.

3) 실어증 연구로 밝혀진 언어의 경로

브로카와 베르니케의 두 영역 연구를 통해 언어의 처리 경로가 밝혀졌다. 먼저, 소리는 청각피질을 거쳐 베르니케 영역으로 전달되어 언어의 의미를

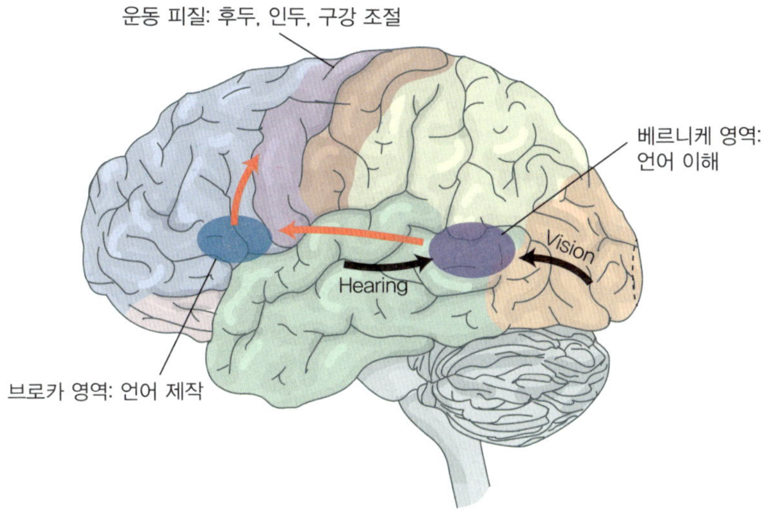

[뇌에서의 언어 처리]

이해한다. 그 후 이 정보가 브로카 영역으로 전달되면, 말하기 계획이 세워지고, 운동피질을 통해 실제 발음이 이루어진다. 이러한 경로는 우리가 말을 듣고, 이해하고, 다시 표현하는 전 과정을 설명한다.

4) 언어영역 손상

언어 관련 뇌 손상으로는 대표적으로 브로카 실어증(Broca's aphasia)과 베르니케 실어증(Wernicke's aphasia)이 있다.

브로카 실어증은 전두엽의 운동언어영역 손상으로 인해 말은 더디고 단어 구성이 어려워지는 증상이다. 이해력은 비교적 유지되지만, 발음이 부정확하고 문장이 단순해진다. 환자는 자신의 언어장애를 인지하며 좌절을 겪는 경우가 많다. 브로카 영역의 손상으로 인해 말은 제대로 하지 못하지만 언어 이해는 가능한 경우를 **운동실어증**(motor aphasia)이라고 한다.

베르니케 실어증은 측두엽의 감각언어 영역 손상으로 인해 언어의 의미를 이해하지 못하고, 말은 유창하나 내용이 뒤섞인다는 특징이 있다. 환자는 자신이 하는 말의 문제를 인식하지 못하는 경우가 많다. 이처럼 언어 이해 영역의 손상으로 나타나는 베르니케 실어증은 감각실어증(sensory aphasia)이라고도 불린다.

이 외에도 단어를 엉뚱하게 사용하는 착각성 실어증(jargon aphasia), 특정 단어가 떠오르지 않는 명칭 실어증(anomic aphasia) 등이 보고되고 있다. 실어증 치료는 장기적인 언어 재활훈련이 핵심이며, 단어와 그림을 연결하거나 발음을 따라 하는 훈련 등을 통해 점진적으로 회복을 돕는다.

결국 언어 기능은 단일 부위의 작용이 아니라, 뇌의 여러 영역이 정교하게 연결되어 이루어지는 복합적 인지 활동이다. 언어 중추의 손상은 단순한 말하기의 어려움을 넘어, 인간의 사고와 사회적 소통 전반에 깊은 영향을 미친다.

6장

수면

인간은 평생의 약 3분의 1을 수면으로 보낸다. 수면은 집중력, 기억력, 운동 조정 능력, 감정 조절 등 신체적·정신적 건강에 필수적이다. 충분한 수면은 면역력 유지와 신경계 회복을 돕는 반면, 수면 부족은 당뇨병, 심혈관 질환, 고혈압, 비만, 우울증, 뇌졸중 등 다양한 질환의 위험을 높인다.

최근 연구에서는 수면을 조절하는 뇌 회로와 신경전달물질이 점차 밝혀지고 있으며, 수면이 단순한 휴식이 아닌 복합적인 생리적 조절 과정임이 알려졌다. 수면은 또한 호르몬 분비, 체온, 대사율 등 인체의 일일 리듬(circadian rhythm)과 밀접한 관련이 있다.

1. 연령대별 수면시간

필요한 수면시간은 연령에 따라 다르다. 신생아(0~3개월)의 경우 약 17~20시간, 영아기(4~11개월)의 경우는 12~15시간의 수면이 필요하다. 유아기(1~2세)가 되면 수면시간이 조금 더 줄어들어 11~14시간이 되고, 성인에서는 7~8

시간의 수면이 필요하다. 고령자의 경우 5~7시간의 수면이 필요하다.

2. 뇌파검사와 수면 연구

수면 중의 뇌 활동은 뇌파검사(electroencephalography, EEG)를 통해 연구된다. EEG는 독일의 정신과 의사 한스 베르거(Hans Berger)가 1924년에 처음 개발하였으며, 신피질(neocortex)에서 발생하는 미세한 전기 신호(10~100μV)를 기록한다. EEG는 비침습적으로 뇌의 전기활동을 측정할 수 있어 수면 단계 분석, 간질, 저산소증, 뇌 손상 등 다양한 신경생리학적 연구에 활용된다.

3. 수면의 단계

수면은 크게 비급속안구운동수면(non-Rapid Eye Movement, NREM)과 급속안구운동수면(REM)의 두 단계로 나뉜다. **비급속안구운동수면**(Rapid Eye Movement, REM)은 수면의 전반부에 주로 나타나며, 심도가 깊고 대뇌의 활동이 거의 없다. 호흡과 심박수가 느려지고, 체온과 혈압이 낮아진다.

1) NREM 수면

비급속안구운동수면(NREM)은 네 단계로 나뉜다.

1단계는 눈을 감고 졸기 시작하는 가벼운 수면 상태로, 세타파가 방출되는 시기이며, 뇌파는 4~7Hz로 현저히 느려진다. 체온은 떨어지기 시작하고 근육은 이완되며 눈은 때때로 좌우로 천천히 움직인다.

2단계는 얕은 수면 상태로, 눈의 움직임이 느려진다. 처음에는 다른 수면 단계로 이동하기 전까지 10~25분 정도 지속된다. 이 단계에서 눈은 정지해있고 심박동과 호흡은 각성 시보다 느려지며 뇌의 전기활동은 불규칙하다.

3, 4단계는 체온과 혈압이 떨어지는 깊은 수면 상태이다. 델타파라는 크고 느린 뇌파가 특징적으로 나타나며, 깊은 수면 혹은 서파 수면이라고 한다. 깊은 수면 동안 호흡은 느려지고 더 규칙적으로 되며, 혈압과 맥박은 깨어있을 때보다 20~30% 아래로 떨어진다.

2) REM 수면

급속안구운동수면(REM)은 수면 후 약 90분 주기로 나타나며, 밤 동안 3~5회 반복된다. 이 시기에는 눈동자가 빠르게 움직이고, 심박수·호흡·혈압이 불안정해지며, 뇌의 산소 소모량과 신경 활동이 크게 증가한다. 이러한 특징 때문에 REM 수면을 **역설수면**(paradoxical sleep)이라고도 한다. REM 수면의 총 시간은 나이가 들수록 감소하며, 신생아는 전체 수면의 50%, 성인은 약 20% 정도이다.

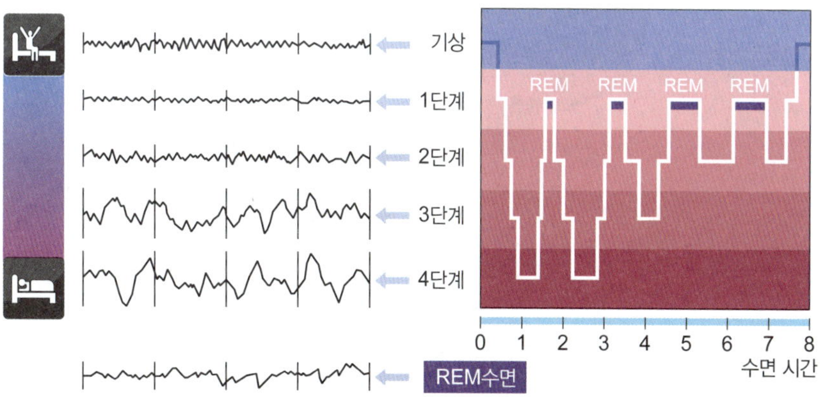

[수면 사이클]

4. 수면의 생리적 조절 기전

1) 생체시계와 호르몬

수면은 시상하부(hypothalamus)의 조절을 받으며, 그 중심에는 시교차상핵(suprachiasmatic nuclei, SCN)이 있다. 시교차상핵은 빛의 정보를 망막을 통해 받아들여 생체리듬을 조절하고, 송과체(pineal gland)의 **멜라토닌**(melatonin) 분비를 조절한다. 멜라토닌은 밤에 많이 분비되어 수면을 유도하고, 낮에는 햇빛 노출에 의해 분비가 억제된다. 멜라토닌 분비는 밤 9시경 시작되어 새벽 동안 최고조에 달하며, 약 7~8시간 동안 유지된다. 반대로 **코르티솔**(cortisol)은 아침에 최고치를 보이며 에너지 생성과 각성을 돕는다. 수면 중 체온은 깨어나기 약 2시간 전인 새벽 5시경에 가장 낮아진다.

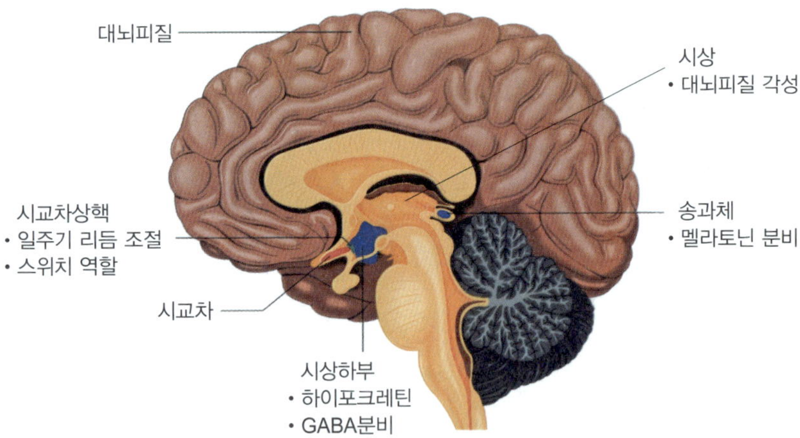

[수면에 관여하는 뇌구조]
(출처: 黄雨伞, CC BY-SA 3.0, Wikimedia Commons)

2) 뇌간의 망상활성계

수면과 각성 상태는 뇌간의 망상활성계(reticular activating system, RAS)에 의해 조절된다. 앞시상하부에서는 GABA를 분비하여 RAS를 억제하여 수면을 유도한다. 뒤시상하부에서는 하이포크레틴(오렉신, hypocretin/orexin)을 분비하여 RAS를 자극하고 각성을 유도한다.

깨어 있는 동안 뇌에 아데노신(adenosine)이 축적되면 RAS의 활성을 억제하여 졸음을 유발한다. 카페인은 아데노신의 작용을 차단하여 각성을 유지시킨다.

3) 수면과 성장

수면은 성장에도 영향을 미친다. UC버클리대학교 양 단(Yang Dan) 박사 연구팀은 수면 중 성장호르몬(GH) 분비를 조절하는 뇌 회로를 규명했다. 연구진은 시상하부의 두 종류 신경세포, 즉 성장호르몬 분비를 촉진하는 성장호르몬 분비호르몬(GHRH) 신경세포와 억제하는 소마토스타틴(SST) 신경세포가 NREM과 REM 수면 단계에서 서로 다른 패턴으로 활성화된다는 사실을 확인했다.

NREM 동안에는 GHRH 활성 증가와 SST 감소로 성장호르몬이 서서히 분비되고, REM에서는 두 신호가 동시에 요동치며 추가적인 GH 분비가 폭발적으로 일어났다. 이 연구는 성장호르몬이 뇌의 각성 및 수면 구조를 피드백 조절한다는 것을 처음으로 제시했다.[1]

5. 수면장애

수면장애(sleep disorders)는 수면의 질이 저하되거나 수면 시간이 부족해지는 다양한 상태를 말한다. 가장 흔한 수면장애는 불면증으로, 잠들기 어렵거나 잠이 들어도 자주 깨고 다시 잠들기 힘든 증상이 특징이다. 또한 수면 중 호흡이 반복적으로 멈추는 수면무호흡증, REM 수면 중 꿈의 내용을 따라 몸을 움직이는 수면행동장애(REM sleep behavior disorder, RBD), 낮 동안 갑작스럽게 졸음에 빠지는 기면증 등이 대표적인 수면장애이다. 이러한 수면장애들은 전반적으로 수면의 질을 떨어뜨리고, 피로감과 집중력 저하 등 일상생활에 다양한 문제를 초래한다.

1) 불면증

불면증(insomnia)은 잠들기 어렵거나, 잠이 들어도 자주 깨며, 새벽에 너무 일찍 잠에서 깨어 충분한 수면을 취하지 못하는 대표적인 수면장애이다. 이로 인해 낮 동안 피로감, 졸음, 집중력 저하, 의욕 상실 등의 문제가 나타날 수 있다.

불면증은 주로 평소 수면 리듬이 약한 사람이 심리적인 스트레스를 겪으면서 수면 패턴이 더욱 불규칙해지고, 잘못된 수면습관이 형성되면서 발생하는 경우가 많다. 또한 우울증이나 불안장애와 같은 정신질환이 있는 경우에도 흔히 동반된다.

치료는 원인에 따라 달라질 수 있으며, 급성 불면증의 경우 수면제를 복용하면 일시적인 도움이 될 수 있다. 그러나 스트레스가 해소된 이후에도 불면이 지속된다면, 잘못된 수면습관을 교정하고 수면에 대한 부정적인 생각을 바로잡는 인지행동치료가 효과적이다.

2) 수면 무호흡증

수면 무호흡증(sleep apnea)은 수면 중 호흡이 반복적으로 멈추는 질환이다.

심한 코골이와 거친 숨소리가 나타나다가 일정 시간 동안 호흡이 멈춘 뒤, 다시 큰 소리와 함께 호흡이 재개되는 것이 특징이다. 이러한 현상은 수면이 깊어질수록 뚜렷해지며, 목구멍의 기도 근육이 이완되어 기도가 일시적으로 폐쇄되면서 발생한다. 수면 중 반복적인 무호흡으로 인해 체내 산소 농도가 떨어지는 저산소증이 유발되며, 이는 고혈압, 심혈관 질환, 심장 발작 등 다양한 합병증의 위험을 높인다.

치료 방법으로는 체중 감량, 음주 및 진정제 복용의 제한, 그리고 필요에 따라 늘어진 목젖이나 점막을 제거하는 수술 등이 시행될 수 있다. 이러한 치료를 통해 기도 폐쇄를 완화하고, 수면의 질과 전반적인 건강 상태를 개선할 수 있다.

3) 수면행동장애(RBD)

수면행동장애는 REM 수면 중에 나타나는 이상 행동으로, 꿈을 꾸는 동안 근육이 이완되어 몸을 움직이지 못하게 하는 뇌간의 기능에 이상이 생길 때 발생한다. 정상적인 REM 수면에서는 근육이 마비되어 신체가 움직이지 않지만, 뇌간의 조절 기능이 손상되면 꿈의 내용을 실제로 행동으로 옮기게 된다. 이러한 증상을 렘수면행동장애(RBD)라고 하며, 야간 수면 중에 발길질, 주먹질, 팔을 휘두르는 등의 행동이나, 말하기, 웃기, 고함, 심한 경우 욕설을 하는 등의 다양한 움직임이 나타날 수 있다. 이 장애는 정상적인 수면 리듬을 방해하고 수면의 질을 저하시키며, 특히 파킨슨병 환자에게서 자주 나타난다.

치료에는 중추신경계를 억제해 수면을 안정시키는 클로나제팜(clonazepam)과 같은 벤조디아제핀 계열 약물이 사용된다. 이러한 약물은 GABA 수용체에 작용하여 뇌의 과도한 흥분을 억제하고, 수면 중 이상 행동을 완화시킨다.

4) 기면증

기면증(narcolepsy)은 밤에 충분한 수면을 취했음에도 불구하고 낮 동안 갑자기 강한 졸음이 몰려와 잠에 빠지는 증상이 반복적으로 나타나는 신경계 질환이다. 이는 수면과 각성을 전환하는 뇌의 조절 메커니즘에 이상이 생긴 비교적 드문 질환으로, 주된 원인은 시상하부에서 분비되는 **하이포크레틴(오렉신)**이라는 흥분성 신경전달물질의 부족이다. 하이포크레틴은 낮 동안 각성 상태를 유지하는 데 중요한 역할을 하는데, 이 물질이 결핍되면 각성 유지 기능이 약화되어 갑작스럽게 수면 상태로 전환되는 수면발작이 일어난다. 기면증 환자들은 깨어 있는 상태에서도 REM 수면에 쉽게 들어가는 경향을 보인다. 우리나라에서는 약 40만 명의 환자가 있을 것으로 추정되지만, 실제로 진단을 받고 치료를 받는 사람은 2022년 기준 6,624명에 불과하다.

기면증의 치료는 증상을 조절하여 일상생활을 가능하게 하는 데 중점을 둔다. 주로 도파민, 세로토닌, 히스타민 등의 각성 물질 분비를 촉진하는 약물을 사용하여 낮 동안의 과도한 졸음을 완화하고, 각성 상태를 유지하도록 돕는다. 이러한 약물치료를 통해 기면증 환자들도 집중력을 회복하여 비교적 정상적인 생활을 할 수 있게 된다.

수면은 단순한 휴식이 아니라, 뇌와 신체의 균형을 유지하는 복합적인 생리 과정이다. 충분한 수면은 기억력, 면역력, 감정 조절 등 전반적인 건강을 지탱하며, 반대로 수면 부족은 다양한 신체적·정신적 질환의 위험을 높인다. 수면은 시상하부와 생체시계, 호르몬의 정교한 조절 아래 이루어지며, 성장과 회복에도 중요한 역할을 한다. 또한 불면증, 수면무호흡증, 수면행동장애, 기면증 등 다양한 수면장애는 삶의 질을 심각하게 저하시킬 수 있으므로 조기 진단과 치료가 필요하다. 결국 건강한 수면은 뇌 기능의 회복과 삶의 활력을 위한 필수 요소이다.

2부

뇌질환, 뇌가 아플 때의 인간

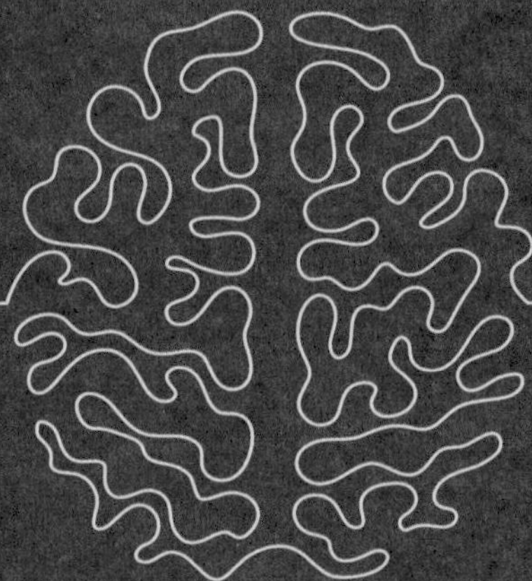

7장 유아기 뇌질환 장애

8장 중독

9장 퇴행성 뇌질환

10장 정신질환

7장

유아기 뇌질환 장애

유아기는 뇌의 발달이 가장 활발하게 이루어지는 시기로, 이 시기의 경험과 환경은 평생의 인지·정서·사회적 기능에 큰 영향을 미친다. 그러나 이러한 급속한 성장 과정을 겪으며 유전적 요인이나 환경적 요인, 혹은 신경학적 이상으로 인해 다양한 뇌 관련 발달장애가 발생할 수 있다. 특히 자폐 스펙트럼 장애, 주의력 결핍 과잉행동 장애, 다운증후군, 난독증 등은 유아기 뇌 발달의 이상과 밀접한 관련이 있다. 이러한 장애들은 조기 발견과 적절한 치료가 이루어질 경우 발달 경과에 긍정적인 영향을 미칠 수 있으므로, 원인과 특성에 대한 이해가 매우 중요하다.

1. 자폐 스펙트럼 장애

1) 정의

자폐 스펙트럼 장애(autism spectrum disorders, ASD)는 사회적 상호작용과 의사소통 능력의 발달에 어려움이 나타나며, 제한적이고 반복적인 행동 양상을 보이는 발달장애다. 흔히 '자신의 세계에 갇혀 지내는 상태'로 표현되며, 3세 이전부터 언어 표현과 이해, 정서적 유대, 사회적 관심이 저하되는 것이 특징이다.

예를 들어, 자신의 이름을 불러도 반응하지 않거나, 사회적 미소가 없고 눈 맞춤을 피하는 등의 행동이 나타난다. 이후 또래에 대한 관심 부족, 상동증(반복행동), 놀이행동 위축, 인지 발달의 저하가 함께 나타난다.

2) 전반적 발달장애

자폐 스펙트럼 장애는 **전반적 발달장애**(pervasive developmental disorder, PDD)의 한 유형이다. 전반적 발달장애는 아동의 사회적 상호작용, 의사소통, 행동 발달 전반에서 폭넓은 이상이 나타나는 장애를 말한다. 자폐 스펙트럼 장애 외에도 레트 장애, 소아기 붕괴성 장애, 아스퍼거 증후군, 비전형적 발달장애가 있다.

레트 장애(Rett's disorder)는 주로 여아에게 발생하며, 생후 1세 이전까지는 정상적으로 발달하지만 2~5세 무렵부터 머리가 작아지는 소뇌증이 나타나고, 언어 능력과 사회적 상호작용이 급격히 퇴행한다.

소아기 붕괴성 장애(childhood disintegrative disorder, CDD)는 3~4세경 정상 발달을 보이다가 언어와 행동, 지능이 급격히 악화되며, 정서적 문제나 환각이 동반되기도 한다.

한편 **아스퍼거 증후군**(Asperger's disorder)은 사회적 상호작용의 결함과 제한된 관심, 반복적인 행동이 나타나지만, 언어 및 인지 발달에는 큰 지연이 없는 것이 특징이다.

마지막으로 **비전형적 발달장애**(pervasive developmental disorder not otherwise specified, PDD-NOS)는 위의 유형들로 명확히 분류되지 않는 광범위한 발달장애를 의미한다.

3) 주요 특징

자폐 스펙트럼 장애는 일반적으로 3세 이전에 증상이 나타나며, 주로 사회적 상호작용, 의사소통 능력, 그리고 제한된 관심과 반복적 행동의 세 영역에서 이상이 관찰된다. 먼저 사회적 상호작용의 결함으로는 눈 맞춤의 부족, 표정이나 몸짓과 같은 비언어적 의사소통의 어려움, 또래와 관계 형성의 어려움 등이 대표적이다. 다음으로 의사소통 능력의 장애가 나타나는데, 언어 발달이 지연되거나 결핍되고, 특정 단어나 문장을 기계적으로 반복하는 반향어를 사용하는 경향이 있다. 마지막으로 제한된 관심과 반복적 행동에서는 손이나 몸을 반복적으로 움직이거나, 물건을 일정한 순서로 배열하는 등 의미 없는 상동행동이 자주 관찰된다.

이 외에도 자폐 스펙트럼 장애 아동에게는 정신지체, 발작, 소화기 질환 등의 신체적 문제들이 동반될 수 있다. 증상의 심각도와 양상은 개인의 지적 능력, 심리·사회적 발달 수준, 치료 및 지원 환경에 따라 다양하게 달라질 수 있다. 따라서 자폐 스펙트럼 장애는 단일한 형태의 질환이라기보다, 발달 전반에 걸쳐 다양한 수준의 특성을 보이는 복합적인 발달장애로 이해할 수 있다. 이것이 '스펙트럼 장애'라고 부르는 이유가 된다.

4) 유병률과 증가 원인

국내 등록 자폐 스펙트럼 장애 환자 수는 2022년 기준으로 37,603명이며, 국내 아동(7~12세)의 약 2.6%에 해당한다. 전 세계적으로 자폐 스펙트럼 장애의 질병 발생은 지속적으로 증가하는 추세이며, 국내 환자도 매년 늘어나고 있다.

뉴욕 컬럼비아대 피터 베어먼(Peter Bearman)의 연구에 따르면, 진단 기준의 변화(25%), 인식 증가(15%), 특정 지역 집중(4%), 노산(10%) 등 사회적 요인이 증가 원인의 일부를 설명하나, 전체의 약 46%는 아직 원인을 규명하지 못한 상태이다.[1]

5) 발병 원인

자폐 스펙트럼 장애의 정확한 원인은 아직 명확히 밝혀지지 않았지만, 선천적 요인, 유전적 요인, 신경생물학적 요인이 서로 복합적으로 작용하는 것으로 알려져 있다.

먼저 선천적 요인으로는 페닐케톤뇨증, 납중독, 갑상선 기능 항진증, 결절 경화증 등의 대사 장애와 더불어 임신 초기 풍진 감염이 태아의 뇌 발달에 손상을 일으켜 자폐 증상을 유발할 수 있는 것으로 보고된다. 이러한 생리적·환경적 요인은 태아의 신경계 형성에 직접적인 영향을 미쳐 발달적 이상을 초래할 가능성이 있다.

유전적 요인 역시 자폐 스펙트럼 장애의 주요한 원인 중 하나로 꼽힌다. 쌍둥이 연구 결과, 일란성 쌍둥이의 경우 한 명이 자폐일 때 다른 한 명도 자폐일 확률이 82% 이상으로 매우 높은 반면, 이란성 쌍둥이는 30% 이하로 나타났다. 현재까지 자폐와 관련된 유전자는 100개 이상이 발견되었으며, 여러 돌연변이가 보고되고 있으나, 자폐를 단독으로 진단할 수 있는 특정 바이오마커(biomarker)는 아직 확인되지 않았다.

신경생물학적 요인으로는 신경전달물질의 불균형이 중요한 원인 중 하나로 꼽힌다. 세로토닌(serotonin)과 도파민(dopamine) 같은 물질은 뇌에서 신경세포 사이의 신호를 전달하는 역할을 하는데, 이들의 균형이 깨지면 감정 조절이나 사회적 행동, 충동 조절 등에 문제가 생길 수 있다. 또한 부신피질자극

호르몬, 성선자극호르몬, 갑상선자극호르몬 등의 내분비 기능 이상도 뇌의 기능에 영향을 미쳐 감정표현이나 사회적 반응이 달라질 수 있다.

뇌 구조 및 기능의 이상도 중요한 요인으로 제시된다. 자폐 아동의 뇌에서는 전두엽과 변연계, 시상, 뇌량 등의 연결성에 문제가 발견되었으며, 감정을 인식하고 공감하는 편도체(amygdala)와 안와전두피질(orbitofrontal cortex)의 활동의 저하가 관찰된다. 이런 특징은 자폐 아동이 타인의 감정을 이해하거나 사회적 상황에서 자연스럽게 반응하기 어려운 이유를 설명해 준다.

세브란스 어린이병원 천근아 교수 연구팀은 뇌 영상 연구를 통해 이러한 차이를 보다 구체적으로 규명하고 있다.[2] 기능적 자기공명영상(fMRI) 분석 결과, 자폐 아동은 사회적 보상, 즉 '다른 사람과 함께하는 즐거움'을 느낄 때 일반 아동과는 다른 뇌 영역이 활성화되는 것으로 나타났다. 이는 자폐 아동이 대인관계를 유지하거나 사회적 상호작용에서 즐거움을 느끼기 어려운 이유를 신경학적으로 설명해준다.

또한 확산텐서영상(DTI) 연구에서는 시상과 전두엽 사이의 연결, 즉 시상-전두엽 회로(thalamo-frontal connection)에 구조적인 이상이 있음을 확인했다.[3] 이러한 발견은 자폐 스펙트럼 장애가 단순히 한 부위의 손상 때문이 아니라, 뇌 속 여러 부위가 서로 정보를 주고받는 '소통 네트워크'의 문제로 인해 생기는 것임을 보여준다.

6) 치료 및 중재

현재 자폐 스펙트럼 장애는 핵심 증상을 완전히 치료할 수 있는 약물이 존재하지 않는다. 그러나 조기에 발견하고 개인의 특성에 맞춘 치료를 받는다면, 사회적 상호작용 능력과 언어 발달을 비롯한 전반적인 기능 향상을 기대할 수 있다.

치료 방법에는 약물치료, 행동 및 특수교육 치료, 그리고 부모교육과 가족지원이 포함된다.

먼저 약물치료는 자폐 스펙트럼 장애의 근본적인 증상을 치료하기보다는 자해, 공격성, 불안, 과잉행동, 틱 등 부수적인 증상을 완화하는 데 목적이 있다. 이때 세로토닌계 항우울제, 항정신병 약물, 중추신경자극제 등이 사용된다. 약물은 반드시 전문의의 처방과 지속적인 관찰하에 이루어져야 하며, 행동치료와 병행될 때 더 나은 효과를 기대할 수 있다.

행동 및 특수교육 치료는 자폐 아동의 핵심 중재 영역으로, 언어치료, 인지치료, 사회성 기술훈련 등을 포함한다. 사회성 기술훈련에서는 대인관계 형성, 감정 조절, 협동과 타협 기술을 익히도록 돕는다. 또한 작업치료, 감각통합치료, 음악치료, 미술치료 등이 병행되며, 이를 통해 감각 자극에 대한 반응 조절과 정서적 표현 능력을 향상시킬 수 있다. 이러한 다각적 접근은 아동이 보다 안정적으로 사회와 상호작용하고 자기조절 능력을 기를 수 있도록 돕는다.

부모교육과 가족지원 역시 치료 과정에서 매우 중요한 부분을 차지한다. 부모는 자녀의 질병 특성을 정확히 이해하고, 일상 속에서 자녀를 어떻게 지도하고 반응해야 하는지를 배워야 한다. 이를 통해 장기적인 교육계획을 세우고, 가정 내에서 일관된 양육 환경을 조성할 수 있다. 가족 간의 정서적 지지와 협력 또한 아동의 회복 과정에 긍정적인 영향을 미친다.

국립서울병원 소아청소년정신과 진혜경 과장은 "자폐 아동을 만 3세 이전에 발견해 치료할 경우 언어치료와 감각통합치료 등을 통해 일반학교의 특수학급에 진학할 수 있지만, 5세 이후에 발견하면 특수학교 진학이 필요할 수 있다"고 강조한다. 이는 조기 진단과 적극적인 중재가 자폐 스펙트럼 장애 아동의 발달 경과에 결정적인 영향을 미친다는 점을 시사한다.

영화로 보는 뇌 이야기

영화 〈레인맨〉의 모티브가 된 '킴픽'

서번트 증후군(savant syndrome)은 자폐 스펙트럼 장애나 지적장애 등 여러 뇌 기능 장애를 가지고 있음에도 불구하고, 특정 영역에서 비범한 능력을 보이는 독특한 증후군이다. 사회성이 부족하고 의사소통 능력이 낮으며 반복적인 행동을 보이지만, 기억력·암산·음악·미술·기계 조작 등 일부 분야에서는 상상을 초월하는 천재성을 발휘한다. '서번트(savant)'는 '학자'나 '석학'을 뜻하는 단어로, 과거에는 이들을 '이디엇 서번트(idiot savant, 백치천재)'라 불렀다.

서번트 증후군은 매우 드물게 나타나는 현상으로, 자폐증이나 지적장애를 가진 사람 약 2,000명 중 한 명꼴로 발생하며, 여성보다 남성에게서 약 여섯 배 더 많이 발견된다. 이 증후군은 주로 좌뇌 손상에 따른 우뇌의 보상 작용과 관련이 있는 것으로 알려져 있으며, 뇌 손상이나 비정상적인 발달로 인해 발생할 수 있다. 특히 좌뇌의 손상이나 발달장애가 있을 경우에 나타날 가능성이 높다. 또한 신경회로의 비정상적 연결이나 유전적 요인 역시 서번트 증후군의 원인으로 작용할 수 있다.

영화 〈레인맨(Rain Man)〉의 실제 모델이 된 킴 픽(Kim Peek)은 대표적인 서번트 증후군 환자였다. 그는 16개월에 책과 신문을 읽기 시작했으며, IQ 184로 아인슈타인보다 높은 지능을 보였다. 12,000권이 넘는 책의 내용을 기억하고, 한 번 들은 음악은 거꾸로 연주할 정도로 뛰어난 기억력과 음악적 감각을 지녔다. 또한 우편번호 전부를 암기하거나 날짜를 계산해 요일을 맞추는 등 탁월한 계산 능력을 보였으며, 컴퓨터로 50초가 걸리는 연산을 단 5초 만에 수행할 정도로 빠른 연산력을 가졌다. 그러나 그는 뇌의 좌우를 연결하는 **뇌량**(corpus callosum)이 선천적으로 존재하지 않는 심각한 뇌 기형을 가지고 있었고, 2009년 심장마비로 58세의 나이로 생을 마감했다.

[킴 픽]

(출처: Dmadeo, CC BY-SA 3.0, Wikimedia Commons)

이 밖에도 영국의 건축가이자 화가인 스티븐 월트셔(Stephen Wiltshire)는 단 한 번 본 도시의 전경을 사진처럼 정확하게 그려내는 능력으로, 또 대니얼 태멋(Daniel Tammet)은 언어와 숫자에 대한 천재적 기억력으로 주목받으며 서번트 증후군의 가능성을 보여주었다. 이처럼 서번트 증후군은 뇌 손상으로 인한 결함 속에서도 특정 인지 영역이 비정상적으로 발달해 나타나는 현상으로, 인간 뇌의 복잡성과 잠재력에 대한 깊은 통찰을 제공한다.

2. 주의력 결핍 과잉행동 장애(ADHD)

주의력 결핍 과잉행동 장애(attention deficit hyperactivity disorder, ADHD)는 주의 집중의 어려움, 충동적 행동, 그리고 과도한 활동성이 특징적으로 나타나는 신경발달장애이다. 이 장애는 주로 산만함, 충동성, 과잉행동으로 대표되며, 일상생활과 학업, 사회적 관계에 지속적인 영향을 미친다. 미국의 경우 취학 연령 아동의 약 5~8%에서 ADHD가 나타나며, 연구에 따르면 ADHD 진단을 받은 아동의 약 60%가 성인이 되어서도 증상을 계속 경험하는 것으로 보고된다. 국내 조사에서도 2020년 79,248명에서 2024년 260,251명을 넘어서며, 최근 5년간 환자 수의 증가 추세가 200%가 넘었다.

1) 진단

ADHD는 7세 이전에 증상이 발현되며, 6개월 이상 지속될 때 진단할 수 있다. 현재까지 ADHD를 정확히 진단할 수 있는 객관적인 검사법은 없으며, 주로 임상적 관찰과 행동 평가에 기반한다. 주요 증상은 세 가지 유형으로 구분된다. 첫째, **주의력 결핍형**은 세부적인 부분에 집중하지 못하고 학업이나 일상활동에서 부주의한 실수를 자주 범하는 특징이 있다. 둘째, **과잉행동-충동형**은 조용히 여가활동에 참여하지 못하고 끊임없이 움직이거나, 마치 무엇인

■ ADHD 환자수 추이 (단위: 명)

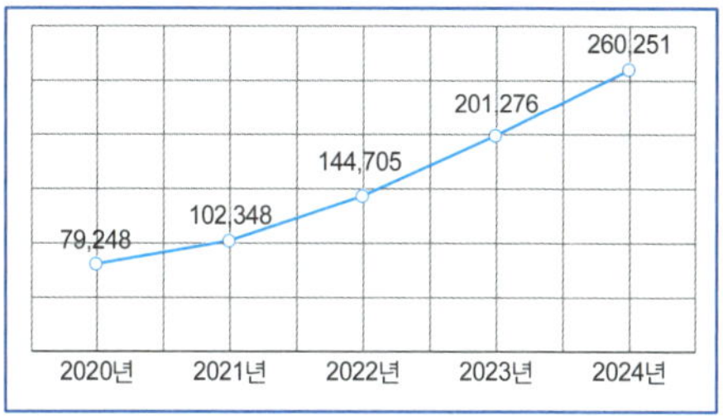

■ ADHD 진료비 추이 (단위: 억 원)

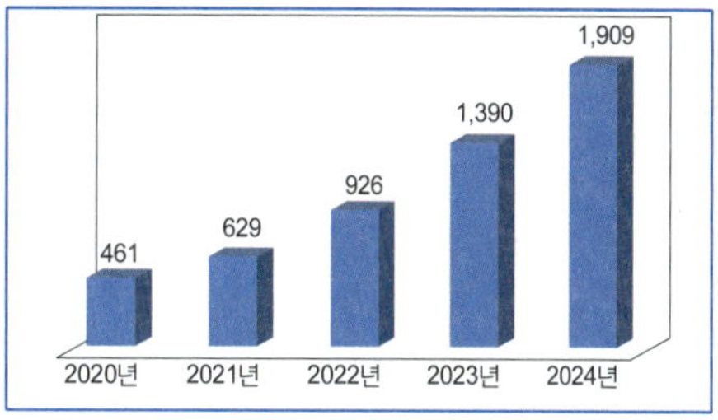

■ 2024년 성별 연령별 ADHD 환자수 분포 (단위: 명)

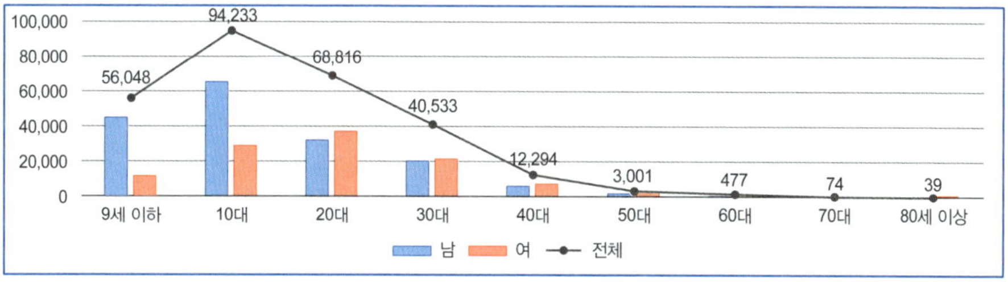

[ADHD 환자 추이]

(자료: 건강보험심사평가원, '2025년 생활 속 질병·진료행위 통계')

가에 쫓기는 듯한 행동을 보인다. 마지막으로 **혼합형**은 주의력 결핍과 과잉행동의 특성이 동시에 나타나는 유형이다.

2) 발병 원인

ADHD의 병인기전은 뇌의 구조적·기능적 이상과 관련이 있다. 뇌영상 연구 결과, 정상인에 비해 주의집중과 행동조절을 담당하는 전전두엽(prefrontal cortex)과 선조체(striatum), 소뇌(cerebellum)의 활성도가 낮게 나타났으며, 이 부위의 구조적 차이도 보고되었다. 또한 도파민(dopamine)과 노르에피네프린(norepinephrine) 전달에 관여하는 유전자들이 ADHD의 주요 원인으로 지목되었다. 특히, 전전두엽-선조체-소뇌 회로의 활동 저하가 ADHD 환자에서 관찰되며, 일부 연구에서는 우뇌 영역에서의 비정상적인 활동 감소가 확인되었다.

최근의 뇌영상 연구에 따르면, 일부 ADHD 환자에서는 카테콜아민(catecholamine) 전달이 감소되어 있으며, 특히 측위신경핵(nucleus accumbens)에서 도파민 농도가 낮은 것으로 밝혀졌다. 전전두엽 회로는 집중력과 행동 조절을 위해 최적 수준의 카테콜아민 자극이 필요하기 때문에, 이러한 전달물질의 감소는 전전두엽 기능 저하를 초래하고 결과적으로 ADHD의 핵심 증상을 유발하는 것으로 추정된다.

3) 치료

ADHD의 치료는 약물치료와 행동치료를 병행하는 다각적 접근이 필요하다. 약물치료는 뇌 내 도파민(dopamine)과 노르에피네프린(norepinephrine) 신경전달을 강화시켜 주의력 향상과 충동 조절을 돕는다.

대표적으로 사용되는 약물은 메틸페니데이트(methylphenidate)로, 이는 중추신경계를 자극하여 집중력과 각성 수준을 높이는 역할을 한다. 그러나 이 약물은 환각, 망상성 사고, 조증 등의 정신병적 증상을 유발하거나 기존 정신질환을 악화시킬 수 있는 부작용이 있으므로, 반드시 전문의의 처방과 지속적인 관찰이 필요하다.

한편, 약물치료만으로는 ADHD의 사회적·정서적 문제를 충분히 해결하기 어렵기 때문에 행동치료, 인지행동치료, 부모 교육이 함께 이루어져야 한다. 행동치료는 아동이 주의집중 및 자기조절 능력을 스스로 기를 수 있도록 돕고, 인지행동치료는 부정적인 사고 패턴을 수정하여 자기 통제력과 문제 해결 능력을 향상시키는 데 초점을 둔다. 또한 부모는 일상생활의 구조화를 통해 아동이 예측 가능한 환경 속에서 안정감을 느끼도록 지도해야 하며, 가정과 학교가 협력하여 아동의 행동 변화를 지속적으로 지원하는 것이 중요하다.

이처럼 ADHD 치료는 단순한 약물 복용에 그치지 않고, 의학적·심리적·

가정적 접근이 통합적으로 이루어질 때 가장 효과적이다.

3. 다운증후군

1) 정의

다운증후군(Down syndrome)은 가장 흔하게 나타나는 염색체 이상 질환으로, 영국의 의사 존 랭던 다운(John Langdon Down)이 처음으로 이를 발견하면서 그의 이름을 따 '다운증후군'이라 불리게 되었다. 그는 혈연관계가 전혀 없는 아이들 중에서 둥글고 납작한 얼굴, 넓은 미간, 두터운 혀 등 공통된 신체적 특징과 함께 발달지연, 면역력 저하 등의 공통적인 증상을 가진 집단을 관찰하고 이를 논문으로 발표하였다.

이 질환은 21번 염색체의 이상으로 인해 발생하며, 약 700명의 신생아 중 1명꼴로 나타난다. 정상인은 21번 염색체를 두 개 가지고 있지만, 다운증후군 환자는 세 가지 형태로 염색체 이상이 나타난다. 먼저 삼체성(trisomy)은 21번

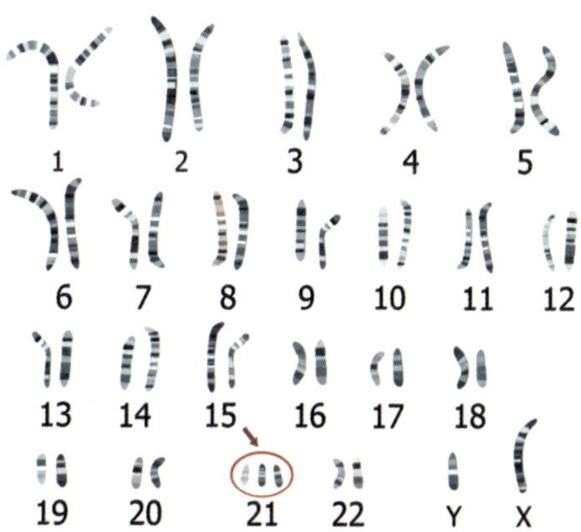

[다운증후군 환자의 염색체]

염색체가 세 개 존재하는 경우이다. 그리고 전위형(translocation)은 21번 염색체가 다른 염색체에 결합되어 있는 경우이다. 마지막으로 모자이크형(mosaic type)은 일부 세포는 정상 염색체를, 일부는 이상 염색체를 가지는 경우이다. 현재까지 왜 이러한 염색체 오류가 발생하는지는 명확히 밝혀지지 않았다.

2) 특징

다운증후군의 신체적 특징으로는 둥글고 납작한 얼굴, 위로 올라간 눈꼬리, 넓은 미간, 두껍고 짧은 목, 튀어나온 혀, 작은 머리 등이 있으며, 신체기능의 이상과 성장 발육 지연이 동반된다. 정신적 발달 지연 또한 뚜렷하게 나타나며, 성인 평균 IQ는 약 20~50 수준이다. 충동적인 행동, 판단력 부족, 집중력 결핍, 학습능력 장애 등이 흔하게 보고된다.

3) 진단 및 검사

진단 및 산전 검사는 기술의 발전으로 비교적 정확하게 이루어지고 있다. 임신 10~14주 사이에는 초음파를 통해 태아의 목둘레(목덜미 투명대)를 측정하여 이상 여부를 예측할 수 있으며, 2.5mm 이상일 경우 다운증후군 가능성이 높다고 본다. 또한 **삼중**(triple) **표지자 검사** 또는 **사중**(quadruple) **표지자 검사**를 통해 모체의 혈액 속 알파태아단백, 사람융모생식샘 자극호르몬, 비결합 에스트리올, 인히빈 등의 농도를 분석하여 염색체 이상 가능성을 평가할 수 있다.

고위험군 산모의 경우에는 **융모막 검사**(10~13주)나 **양수 검사**(15~20주)를 통해 확정적인 진단이 가능하다.

국내 건강보험심사평가원(2013)의 통계에 따르면, 전체 2,078명의 다운증후군 환자 중 10세 미만 영유아가 69%, 10~19세 청소년이 19%를 차지해, 대다수가 어린 연령층에서 진단되는 것으로 나타났다.

영화로 보는 뇌 이야기

〈제8요일〉

영화 〈제8요일(The Eighth Day, 1996)〉은 다운증후군 환자의 순수한 내면과 인간적 관계의 회복을 따뜻하게 그려낸 작품이다. 주인공 아리(Harry)는 성공한 세일즈 강사이지만, 지나치게 냉정하고 계산적인 태도로 인해 아내와 별거 중이다. 그는 가족과의 관계 회복을 꿈꾸지만, 점점 고립된 삶을 살아가던 중 어느 비 오는 밤, 우연히 요양원에서 탈출한 다운증후군 환자 조지(Georges)를 만나게 된다.

조지는 순수하고 따뜻한 영혼을 지닌 인물로, 현실과 환상을 오가며 어머니를 찾는 여정을 이어간다. 아리는 그런 조지와의 만남을 통해 점차 삶의 의미를 되찾고, 잃어버렸던 감정과 인간적인 온기를 회복한다. 두 사람은 함께 시간을 보내며 진정한 우정을 쌓고, 결국 조지는 아리의 차가운 마음을 녹이는 존재가 된다.

영화의 마지막 장면에서 조지와 아리는 요양원의 친구들과 함께 아리의 딸 생일을 축하하며 밤하늘을 불꽃으로 수놓는다. 이 장면은 다운증후군을 단순한 '장애'가 아닌, 인간다움과 사랑을 일깨워주는 존재로 바라보게 하는 감동적인 메시지를 전한다.

특히 조지 역을 맡은 배우 파스칼 뒤켄(Pascal Duquenne)은 실제로 다운증후군을 앓고 있는 배우로, 이 작품을 통해 칸영화제 남우주연상을 공동 수상하며 전 세계에 깊은 인상을 남겼다.

〈제8요일〉은 영화 안, 밖으로 뇌 발달장애를 가진 사람들이 사랑과 존중을 통해 사회 속에서 함께 성장할 수 있음을 보여주는 의미 있는 작품이다.

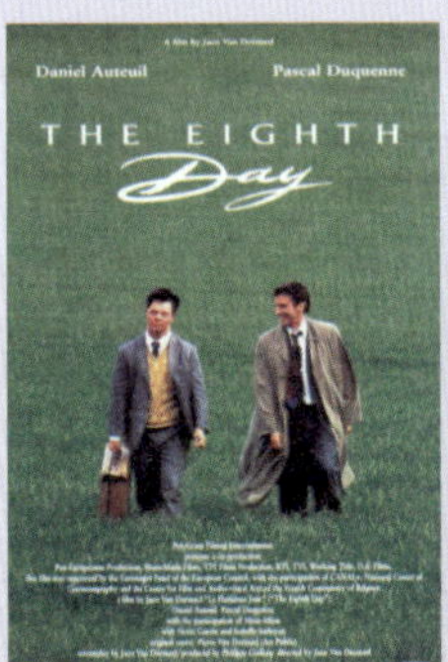

[영화 〈제8요일(1996)〉, 영화 속 조지 역을 맡은 파스칼 뒤켄(Pascal Duquenne)]

(출처: Polygram(좌) / Georges Biard, CC BY-SA 3.0, Wikimedia Commons(우))

4) 치료

현재 다운증후군을 근본적으로 치료하거나 예방할 방법은 없다. 다만, 산모가 고령일수록 발생 확률이 증가하는 것으로 알려져 있으며, 20대 산모의 경우 약 0.1%이던 발병률이 45세 이상 산모에서는 약 3.6%로 급격히 증가한다. 이는 생식세포 감수분열 과정에서 염색체 돌연변이 발생 가능성이 높아지기 때문이다. 최근 연구에서는 21번 염색체에 존재하는 유전자들이 인간의 인지와 발달 과정에 어떤 역할을 하는지에 대한 이해가 점점 깊어지고 있다.

4. 난독증

1) 정의

난독증(dyslexia)은 글을 정확하고 유창하게 읽지 못하거나 철자를 올바르게 쓰는 데 어려움을 겪는 읽기 중심의 학습장애로, 듣기·말하기·쓰기 등 언어 전반에 영향을 미친다. 이는 단순히 지능이나 학습의지의 문제가 아니라, 언어 처리와 관련된 뇌의 기능적 차이로 인해 발생하는 신경발달적 장애이다. 미국에서는 약 8~10%의 아동이 학습장애를 가지고 있으며, 그중 약 80%가 난독증에 해당할 정도로 가장 흔한 형태의 학습장애로 알려져 있다.

역사적으로도 난독증은 여러 위인에게서 관찰되었다. 레오나르도 다빈치는 글을 쓸 때 'their'를 'there', 'rain'을 'rane'으로 쓰는 등 철자 오류를 반복했고, 윈스턴 처칠은 학업 성적이 낮고 말을 더듬는 어려움을 겪었다. 또한 토마스 에디슨은 교사로부터 머리가 나쁘다는 말을 들을 정도로 학업 부진을 보였으나, 훗날 인류 역사에 큰 공헌을 남겼다. 이러한 사례들은 난독증이 지적 능력의 부족이 아닌, 정보 처리 방식의 차이에서 비롯된다는 점을 보여준다.

2) 특징

난독증의 핵심적인 어려움은 언어 체계, 특히 음운(phonological) 체계의 결함과 관련이 있다. 난독증 아동은 단어를 듣거나 읽을 때 소리를 인식하고 구분하는 능력이 부족하여 단어를 빠르고 정확하게 해석하기 어렵다. 이로 인해 말할 때 생각이 떠오르기까지 시간이 오래 걸리고, 읽는 속도가 또래보다 현저히 느리다. 특히 철자와 발음의 일관성이 높은 언어(예: 핀란드어, 이탈리아어)에서도 읽기 속도가 느린 것이 유일한 증상으로 나타나기도 한다.

3) 발병원인

난독증이 있는 사람은 뇌기능의 차이가 확연하게 발견된다. 좌뇌의 세 영역, 즉 **측두-두정엽**(parieto-temporal), **후두-측두엽**(occipito-temporal), 전두엽의 **브로카 영역**(Broca's area)에서 비정상적인 활동을 보인다. 측두-두정엽은 단어를 분석하고 소리로 변환하는 초기 읽기 과정을 담당하며, 후두-측두엽은 단어 전체를 시각적으로 인식하여 빠르게 읽도록 돕는다. 이 두 영역의 기능 저하는 읽기 자동화 능력에 직접적인 영향을 미친다. 반면 브로카 영역은 언어 생성과 발음을 조절하는 부위로, 이 역시 난독증 아동에게서는 활동 저하가 관찰된다.

난독증의 원인은 명확히 밝혀지지 않았으나, 좌뇌의 언어처리 영역이 우뇌의 공간지각 영역보다 상대적으로 뒤처지는 비대칭적 발달이 주요 원인으로 지목된다. 또한 약 40%의 난독증은 유전적 요인과 관련이 있으며, 언어 습득 과정에서 과도한 스트레스를 받거나 발음 오류, 더듬는 습관 등도 초기 신호로 나타날 수 있다.

4) 치료

난독증은 저절로 회복되지 않으며 조기 치료가 매우 중요하다. 난독증 아동의 4명 중 3명은 고등학교에 진학하더라도 여전히 읽기에 어려움을 겪는 것으로 보고된다. 따라서 가능한 한 어린 시기에 적절한 치료를 받는 것이 학업 성취와 자존감 형성에 큰 도움이 된다.

주요 치료 방법으로는 음운 인식 훈련, 체계적 파닉스(phonics) 교육, 해독 훈련, 다감각적 보조 방법이 있다. **음운 인식 훈련**은 소리를 인식하고 분절·합성하는 능력을 키워 단어의 구조를 이해하도록 돕는다. **체계적 파닉스 교육**은 철자와 발음의 관계를 체계적으로 학습하게 하며, 해독훈련은 추측이 아닌 정확한 읽기를 통해 유창성을 높인다. 또한 시각·청각·촉각 등 여러 감각을 동시에 활용하는 학습이 효과적이다. 예를 들어, 필기 대신 강의 내용을 녹음하거나, 책 대신 오디오북을 듣고, 플래시 카드를 활용하며, 철자 점검 프로그램을 사용할 수 있다.

결국 난독증은 단순한 읽기 어려움이 아니라, 언어 처리와 뇌 기능의 차이에서 비롯된 신경학적 특성이다. 조기 진단과 체계적 훈련을 통해 난독증 아동은 자신의 잠재력을 발휘하며 학습의 즐거움을 되찾을 수 있다.

8장
중독

중독이란 특정 물질이나 행동이 건강과 사회생활에 해로운 결과를 초래함을 알면서도, 그것을 반복적으로 하고 싶은 강한 욕구와 집착이 나타나는 상태를 말한다. 중독에는 몇 가지 주요한 증상이 나타난다.

첫째, **갈망**(craving)이다. 갈망은 어떤 물질이나 행동을 간절히 원하고 그것을 얻기 위해 무리한 행동을 하게 되는 상태를 의미한다. 예를 들어 술을 마시고자 하는 욕구가 너무 강해 사회적으로 용납되지 않는 행동을 하게 될 때, 이는 알코올 중독의 대표적인 예라 할 수 있다.

둘째, **내성**(tolerance)이 나타난다. 내성이란 같은 효과를 얻기 위해 점점 더 많은 양을 사용해야 하거나, 물질이나 행동을 원하는 주기가 점점 짧아지는 현상을 말한다. 예를 들어 진통제를 복용하는 사람이 처음에는 12시간마다 복용하던 것을 나중에는 6시간 간격으로 복용해야 같은 효과를 느낀다면, 이는 내성이 생긴 경우에 해당한다.

셋째, **금단증상**(withdrawal symptoms)이 발생한다. 금단이란 일정 기간 약물이나 물질을 지속적으로 사용하던 사람이 갑자기 중단했을 때 나타나는 신체적·정신적 증상을 말한다. 금단증상은 식은땀, 손 떨림, 불안감, 일시적인 환각 등으로 나타날 수 있으며, 심한 경우에는 의식 소실, 간질 발작, 호흡 마비가 동반되어 생명을 위협할 수 있다.

따라서 중독 치료 시에는 반드시 전문가의 지도하에 점진적으로 사용을 줄여나가는 과정이 필요하다.

책로 보는 뇌 이야기

『뇌』 (베르나르 베르베르)

한국인이 사랑하는 작가 베르나르 베르베르(Bernard Werber)의 책 『뇌』에는 인간이 행동하는 동기 13가지 가운데 마지막 하나를 '최후 비밀'로 묘사하고 있다.[1] '우리는 무엇을 위해 행동하는가?'란 물음에 해답을 찾기 위한 다양한 노력이 시작된다. 작가는 '최후의 비밀'을 쾌락, 즉 뇌로부터 비롯된 궁극의 즐거움으로 표현한다. 작품 속 주인공 사무엘 핀처 박사는 슈퍼컴퓨터 딥블루와의 체스 대국에서 승리한 후, 그날 밤 연인과 사랑을 나눈다. 그러나 다음날 그는 싸늘한 시신으로 발견되고, 그의 죽음에 의문을 가진 두 명의 기자 이지도르 카젠버그와 뤼크레스 넴로드가 이 사건의 비밀을 추적하며 이야기가 전개된다.

이 소설에는 실제 과학 실험을 바탕으로 한 흥미로운 장면이 등장한다. 쥐가 지렛대를 누를 때 이 부분에 전기자극을 받도록 하면 쥐는 계속해서 지렛대만 누르다 끝내 죽음을 맞이하는 실험이다. 실제 이 실험은 1954년 미국의 신경과학자 제임스 올즈(James Olds)와 피터 밀너(Peter Milner)에 의해 고안된 실험이다. 연구자들은 쥐가 지렛대를 누를 때마다 특정 뇌 부위에 전기 자극을 가하도록 실험을 설계했다.

대부분의 쥐들은 전기가 통하자 깜짝 놀라며 높이 뛰거나 불쾌한 소리를 내는데, 뇌의 특정 부위에 전기를 연결한 쥐는 전혀 다른 모습을 보인다. 그 부위에 자극을 받은 쥐는 먹이도, 짝짓기도, 새끼 돌보기도 잊은 채 지렛대를 계속 눌러 전기자극을 스스로 받았다. 심지어 피로와 배고픔을 느끼면서도 수천 번 넘게 지렛대를 누르다가 결국 탈진해 죽음에 이르렀다. 연구진들은 이 부위가 쾌감을 느끼는 특별한 영역이라는 것을 알게 되고 이 부위를 **쾌락중추**(pleasure center) 또는 **보상중추**(reward center)라고 명명했다.

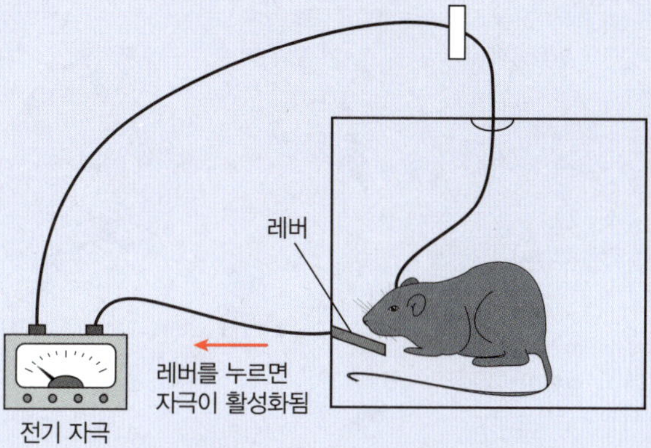

[올즈와 밀러가 설계한 쾌락중추 실험. 쥐가 지렛대를 누르면
뇌부분에 전기 자극이 전달된다.]

소설 속에서는 이 '쾌락중추'가 주인공의 죽음과 직접적으로 연결된다. 핀처 박사가 체스 경기의 승리를 보상받는 순간, 실험을 진행하던 장 마르탱은 원격 장치를 통해 핀처의 뇌의 쾌락중추를 자극한다. 지나친 도파민 분비와 흥분으로 인해 핀처의 뇌는 감당하지 못하고 결국 기능을 멈춘다.
작가는 이 사건을 통해 인간이 추구하는 '궁극의 쾌락'이 얼마나 강력하면서도 위험한 것인지, 그리고 그 쾌락이 뇌의 보상체계와 중독 메커니즘과 얼마나 밀접하게 연관되어 있는지를 상징적으로 보여 준다.

1. 중독의 원리

우리의 뇌는 즐거움을 느끼는 행동을 반복하도록 설계되어 있다. 어떤 행동이 즐거움을 주면, 그 행동을 다시 하고 싶은 욕구가 강화되는데 이를 '동기강화(motivational reinforcement)'라고 한다. 이러한 현상은 뇌의 변연계(limbic system)에 위치한 중변연 도파민 시스템(mesolimbic dopaminergic system)에서 일어나

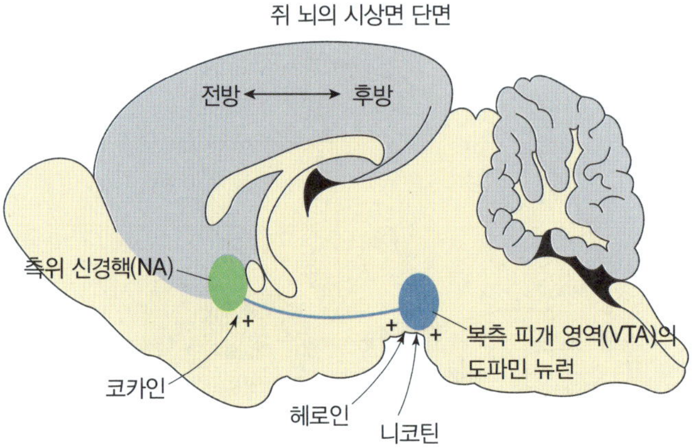

[쥐의 뇌에서 복측 피개 영역(VTA)부터 측위 신경핵(NA)으로 연결된 도파민 신경세포의 모습]

는 보상 관련 학습의 결과이다.

해부학적으로는 복측 피개 영역(ventral tegmental area, VTA), 측위 신경핵(nucleus accumbens, NA) 그리고 이 두 부위를 연결하는 도파민성 신경세포가 중요한 역할을 한다. 예를 들어, 식사를 하기 전에는 약간 예민하거나 긴장된 상태이지만, 식사 후에는 만족감과 편안함을 느낀다. 이는 식사 후 도파민 분비가 증가하여 쾌감을 유발하기 때문이다.

도파민은 사람의 감정과 동기를 조절하는 핵심 신경전달물질이다. 하지만 분비량이 지나치게 많으면 조현병을 유발할 수 있고, 너무 적으면 파킨슨병과 같은 운동장애를 초래한다.

특히 중독성 물질이 이 보상회로를 강하게 자극하면, 도파민이 과도하게 분비되어 쾌감이 비정상적으로 강화된다. 예를 들어 코카인은 측위 신경핵(NA)에 직접 작용하여 강한 흥분감과 다행감을 일으키며, 결국 반복적인 사용 욕구를 만들어낸다.

2. 중독의 종류

과거에는 마약, 술, 담배와 같이 몸 안에 들어가는 물질에 의해 발생하는 중독만을 생각했지만, 오늘날에는 도박, 게임, 인터넷과 같은 행동 자체에 대한 중독도 주목받고 있다.

이처럼 오늘날의 중독은 크게 물질중독과 행위중독으로 구분할 수 있다. 물질중독이란 마약, 술, 담배와 같이 몸 안에 들어가는 화학물질에 의해서만 발생하는 중독을 의미한다. 행위중독은 도박, 게임, 인터넷 사용 등과 같은 특정 행동 행동이 반복되면서 나타나는 중독을 말한다. 이 두 형태의 중독은 다르지만, 뇌의 작용 기전은 매우 유사하다.

분당서울대병원 김상은 교수 연구팀은 10명의 인터넷 게임 중독자를 대상으로 양전자방출단층촬영(PET)을 사용하여 촬영하였다.[2] 그 결과, 인터넷 게임 중독자들은 정상 사용자들보다 충동성이 더 높았다. 또한, 알코올 중독자가 술을 갈망할 때 활성화되는 뇌 부위와 게임 중독자가 게임을 갈망할 때 활성화되는 부위가 거의 동일함을 확인하였다.

이 결과는 약물중독과 행위중독 모두 안와전두피질(orbitofrontal cortex) 등 동일한 보상회로 영역에서 작용한다는 것을 보여준다. 즉, 중독은 단순한 습관이 아니라 뇌의 학습과 보상체계가 변형된 결과라 할 수 있다.

1) 니코틴

우리나라 성인 남성의 흡연율은 1998년 66%를 넘는 높은 수치를 기록하였으나, 최근에는 약 30%대로 감소하였다. 또한 청소년 흡연율도 2005년 11.8%에서 2024년 3.6%로 줄어들었다는 질병관리청의 발표가 있다.

담배의 주요 중독성 물질인 니코틴(nicotine)은 1828년 독일의 의사 빌헬름

하인리히 포젤트(Wilhelm Heinrich Posselt)와 화학자 칼 루드비히 레인만(Karl Ludwig Reimann)에 의해 처음 분리되었다. 이후 1843년에 화학식과 구조가 밝혀지면서 담배의 유해성이 과학적으로 알려지게 되었다.

니코틴은 천연 알칼로이드 물질로, 각성제이자 항불안제의 역할을 하며 강한 중독성을 지닌다. 흡연 시 니코틴은 폐를 통해 혈류로 흡수되어 약 10초 이내에 뇌에 도달한다. 체내 니코틴의 반감기는 약 1시간이며, 담배의 종류·필터 유무·흡입 방법 등에 따라 흡수량은 달라진다.

뇌 속에서 니코틴은 니코틴성 아세틸콜린 수용체(nicotinic acetylcholine receptor, nAChR)와 결합하여 도파민 분비를 증가시킨다. 이로 인해 뇌의 보상회로(reward circuit)가 활성화되며, 흡연자는 기쁨, 안정감, 긴장 완화 등의 감정을 느끼게 된다. 이러한 이유로 니코틴은 매우 높은 의존성과 중독성을 갖는다.

① 담배의 유해 성분

담배 연기에는 니코틴 외에도 여러 해로운 물질이 포함되어 있다. 대표적

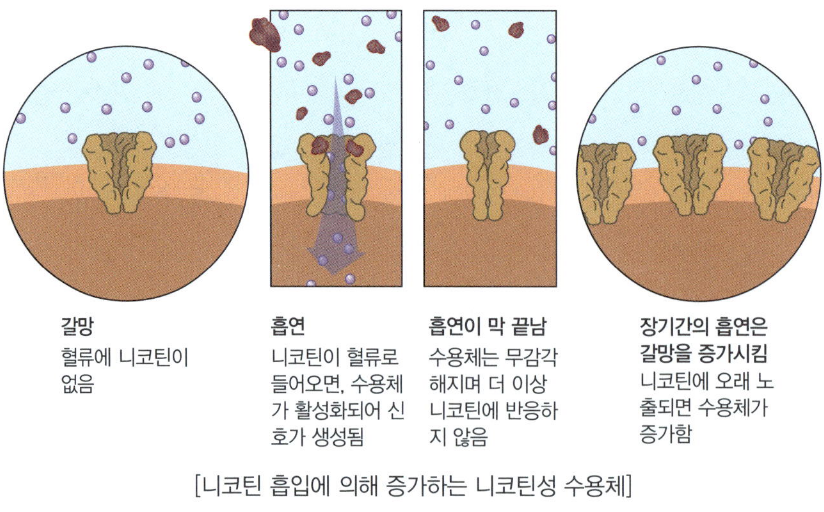

[니코틴 흡입에 의해 증가하는 니코틴성 수용체]

으로 타르(tar), 일산화탄소(CO), 니코틴이 있다.

일산화탄소는 혈액 내 산소 운반 능력을 떨어뜨려 세포에 산소 공급을 방해하고, 결과적으로 조기 노화와 심혈관 부담을 초래한다. 타르는 담배 연기에서 니코틴과 수분을 제외한 끈적한 잔여 물질(담뱃진)로, 각종 발암물질과 독성물질이 포함되어 있다. 니코틴은 직접적으로 신경계에 작용하여 중독을 일으킨다.

② 흡연의 피해

흡연은 여러 질환의 발병률을 높인다. 특히 폐암, 구강암, 식도암 등 치명적인 암의 주요 원인이 된다. 또한 기관지와 폐 기능을 저하시키며 호흡기 질환을 유발하고, 혈압과 맥박을 상승시켜 심혈관 질환의 위험을 증가시킨다.

직접 흡연뿐 아니라 간접흡연도 심각한 피해를 준다. 간접흡연은 뇌졸중, 폐암, 호흡기 질환의 발생 위험을 높이며, 특히 어린이에게는 폐기능 손상이나 영아 돌연사 증후군의 위험을 증가시킨다. 따라서 흡연자뿐 아니라 주변인 보호를 위해서도 금연이 필요하다.

③ 흡연치료

흡연치료는 약물치료와 상담치료를 병행한다. 최근 금연 보조제로 니코틴 패치, 껌, 사탕, 스프레이, 흡입기 등 다양한 타입으로 개발되고 있다.

부프로피온(bupropion)은 항우울제로 개발된 물질이다. 흡연하지 않아도 도파민 수치를 높여주기 때문에 니코틴 중독에 의한 금단증상을 완화시킨다. 다만, 불면증이나 두드러기와 같은 부작용이 나타날 수 있다.

또 다른 약물로는 바레니클린(varenicline)이 있다. 이 물질은 뇌의 니코틴 수용체에 결합하여 니코틴의 작용을 모방하지만, 실제 흡연 시 느껴지는 쾌감을 줄여준다. 부작용으로는 오심, 두통 등이 발생할 수 있다.

이와 함께 상담치료를 통해 흡연의 유해성에 대한 인식을 높이고, 흡연 욕구를 통제하는 방법을 배우는 과정이 중요하다. 약물치료와 상담치료를 병행함으로써 금연 성공률을 높일 수 있다.

2) 알코올

최근 청년층을 중심으로 사회적·심리적 요인, 음주 문화의 변화, 우울증 등 정신적 요인으로 인해 과도한 음주가 증가하고 있다. 알코올을 습관적으로 섭취하여 스스로 조절하지 못하고, 그로 인해 신체적, 정신적, 사회적 문제가 발생하는 만성 뇌질환을 **알코올 의존증**(alcohol dependence)이라 한다. 미국 정신의학회(APA)는 이를 정신장애 진단 통계편람(DSM-Ⅲ)에 정식으로 등재하여, 알코올 의존에 대한 진단 기준을 확립하였다.

① 주요 특징 및 증상

알코올 남용 단계에서는 잦은 과음으로 인한 일상 기능 저하가 나타난다. 직장, 학교, 가정에서의 역할 수행이 어려워지고, 반복적인 문제 행동이 발생한다.

알코올 의존 단계로 진행되면 내성과 금단증상이 나타나며 점차 음주량이 증가한다. 예를 들면 적절한 기능 수행을 하려면 매일 음주를 해야 하는 경우, 절주 및 단주를 할 수 없는 상태, 폭음으로 최소한 이틀 이상 취해 있는 경우, 음주로 악화되는 줄 아는 심각한 신체 질환이 있음에도 불구하고 계속 음주하는 경우이다.

또한 음주로 인한 사회적, 직업적 문제가 발생한다. 많은 경우 음주로 인한 폭력 행위, 결근 및 실직, 가족 불화, 교통사고 등 같은 법적 문제를 일으킨다.

② 알코올에 의한 질환

태아 알코올 증후군(fetal alcohol syndrome, FAS)은 임신 중 산모의 과도한 알코올 섭취로 인해 발생하는 질환으로 미국에서 출생아 1,000명당 1~3명이 문제를 일으키고 있다. 이는 태아의 체중 미달, 발육 부진, 기형, 정신지체의 발생률을 높이고 있다.

베르니케 뇌병증(Wernicke encephalopathy)은 알코올 중독으로 인한 비타민 B1(티아민) 결핍으로 발생하며, 안진(nystagmus), 운동실조(ataxia), 혼란(confusion) 등의 증상이 나타난다.

베르니케 뇌병증을 적절히 치료하지 못한 경우에는 **코르사코프 증후군**(korsakoff's syndrome)으로 발전할 수 있다. 만성적인 알코올 중독은 중추신경계를 손상시켜 최근 사건을 기억하지 못하는 심각한 기억 상실, 기억왜곡, 학습능력 저하, 판단력 손상 등의 증상이 일어난다.

뿐만 아니라 지속적인 음주는 주요 만성 건강에 문제를 발생한다. 만성 음주자의 7.5%가 지방간, 15%가 알코올성 간염으로 진단받았으며 이 밖에도 위염, 위궤양, 십이지장궤양, 식도암 및 위암 등 내장 암의 주요한 원인이 된다.

③ 알코올의 작용 기전

알코올은 뇌의 오피오이드(opioid) 시스템에 작용한다. 알코올을 섭취하면 뇌에서 내인성 오피오이드인 엔도르핀(endorphine)이 분비되어 쾌감을 유발하며, 이는 마약성 진통제와 유사한 작용을 한다. 또한 도파민(dopamine)이나 세로토닌(serotonin) 같은 신경전달물질의 분비를 촉진하여 즐거운 감정을 느끼게 한다.

하지만 장기간 복용 시에는 반대로 이러한 신경전달물질의 균형이 무너진다. 지속적인 음주는 도파민과 세로토닌 분비를 감소시켜 불안, 우울, 긴장감을 유발하고, 이를 해소하기 위해 다시 음주하게 되는 악순환을 만든다.

또한 알코올은 GABA(감마-아미노부티르산) 수용체를 활성화시켜 중추신경계를 억제한다. GABA는 뇌의 주요 억제성 신경전달물질로, 긴장 완화와 진정 작용을 담당한다. 음주 초기에는 이러한 효과로 인해 기분이 좋아지지만, 반복적인 음주는 뇌가 알코올 자극에 적응하면서 내성을 형성한다.

이처럼 알코올에 의한 신경전달물질 변화는 시냅스 가소성(synaptic plasticity)에 영향을 미쳐, 기억력·인지력 저하와 뇌 기능 손상을 초래할 수 있다.

④ 알코올 농도에 따른 뇌 영향

낮은 농도의 알코올은 기분을 좋게 하고 긴장을 완화한다. 혈중 알코올 농도가 0.03~0.05%일 때는 판단과 감정을 조절하는 대뇌 기능이 억제되어 자신감이 과도하게 증가하거나 기분이 고조된다. 이는 도파민 분비가 촉진되기 때문이다.

혈중 알코올 농도가 0.1%가 되면 균형, 운동 기능을 조절하는 소뇌가 영향을 받는다. 이 시기에는 어지럽거나 비틀거림이 나타나며, 세밀한 운동 수행이 어렵다.

중간 알코올 농도부터는 기억력이나 판단력에 문제가 생긴다. 혈중 알코올 농도가 0.3% 정도일 때는 언어와 기억을 담당하는 중뇌의 기능이 억제된다. 특히 언어를 담당하는 베르니케 영역이나 브로카 영역 작동에 문제가 생겨 말한 단어가 생각나지 않거나, 혀가 꼬부라지거나 했던 이야기를 반복하기도 한다.

또한 취중의 일을 기억하지 못하는 '블랙아웃(blackout)'이 발생했다면 기억을 담당하는 해마 부분까지 문제가 생긴 경우이다. 특히 블랙아웃이 자주 반복된다면 뇌의 영구적인 손상을 가져올 수 있기 때문에 반드시 음주를 중단해야 한다.

높은 알코올 농도는 치명적인 영향을 미친다. 뇌의 전반적인 기능을 억제하고 마비시켜 의식 저하나 인사불성 상태에 이를 수 있다. 혈중 알코올 농도가 0.4% 이상이 되면 생명 유지에 필수적인 연수(숨뇌)의 기능이 억제된다.

그럼에도 높은 알코올 농도가 지속되면 생명을 직접적으로 위협하는 상태에 이르게 된다. 심한 경우 뇌 마비가 발생하여 심장 박동과 호흡 기능이 억제되고, 결국 사망에 이를 수 있다.

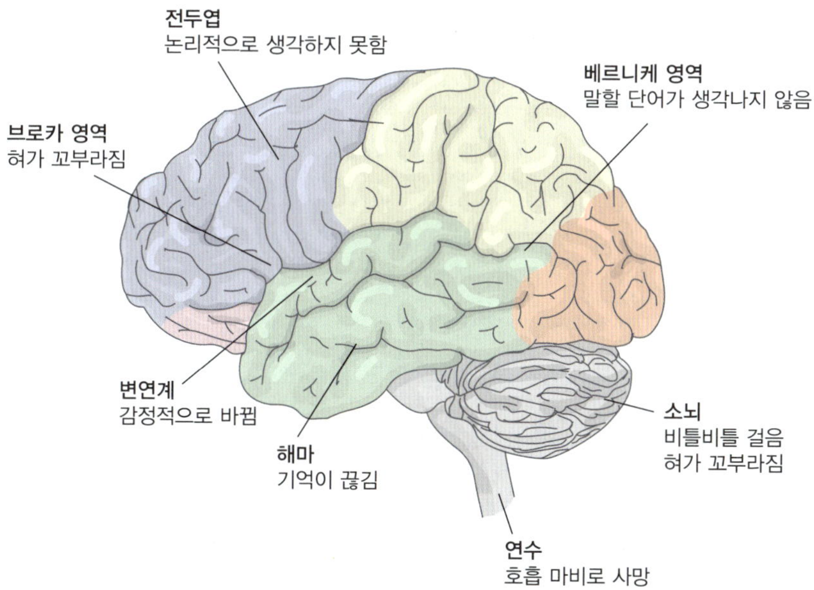

[알코올이 뇌에 미치는 영향]

다음에 제시된 자가진단을 했을 때 4개 이상의 체크가 나온다면 알코올 의존증으로 판정하며, 병원 입원 치료가 필요하다. 다만 '10번 술이 깨면 진땀, 손 떨림, 불안을 느끼거나 잠을 못 이룬다', '11번 술이 깰 때 공포, 몸떨림, 헛것을 보거나 환청이 들린다'에 해당하는 경우에는 개수에 상관없이 알코올 의존증으로 판단한다.

[알코올 의존증 자가진단]

	진단내용	체크
1	스트레스를 술로 해결한다.	√
2	혼자 술을 마신다.	
3	술 마신 다음 날 해장술을 마신다.	
4	취기가 오르면 술을 계속 마시고 싶어진다.	
5	술에 대한 욕구를 참을 수 없다.	
6	최근 6개월간 2회 이상 블랙아웃을 경험했다.	
7	대인관계, 사회생활에 지장이 있다.	
8	술로 인해 일하는데 어려움이 많다.	
9	음주문제로 가족이 나를 떠났거나, 떠나겠다고 말한다.	
10	술을 깨면 진땀, 손 떨림, 불안을 느끼거나 잠을 못 이룬다.	
11	술이 깰 때 공포, 몸떨림, 헛것을 보거나 환청이 들린다.	
12	술로 인한 심리적, 신체적 질병을 치료받은 적이 있다.	
	총 개수	

⑤ 알코올 의존증 치료

알코올 의존증 치료는 약물치료와 행동치료를 병행한다. 나트렉손(naltrexone)은 오피오이드 수용체를 차단하여 쾌감과 음주 욕구를 줄이는 약물이며,

아캄프로세이트(acamprosate)는 GABA 유사체로 작용하여 신경계 안정과 금단 증상 완화에 도움을 준다. 디설피람(disulfiram)은 알코올 대사 중 생성되는 아세트알데하이드의 산화를 억제하여 혈중 축적 시 불쾌감을 유발함으로써 음주를 억제한다.

행동치료 및 교육으로는, 개인 또는 집단 심리치료를 통해 금주 동기를 강화하고, 스트레스 대처법을 학습한다. 또한 동반되는 우울증 등 정신 건강 문제에 대한 치료도 함께 이루어져야 한다. 증상에 따라 치료 기관과 전문가의 도움을 받는 것이 반드시 필요하며, 심각한 경우에는 알코올 전문 치료 병원에 입원하여 치료를 받는 것이 권장되기도 한다.

3) 대마(마리화나)

대마는 삼의 잎과 꽃대 부분을 건조하거나 진액을 추출하여 사용하는 마약류의 일종으로, 영어로는 마리화나(marijuana)라고 한다. 우리나라에는 베트남전쟁 이후 주한 미군을 통해 전해지기 시작하였다. 과거에는 대마의 줄기를 이용해 삼베나 밧줄 등 생활용품을 제작하였으나, 오늘날 문제가 되는 대마는 주로 잎과 꽃에서 얻은 대마수지(해시시, hashish)로, 환각성을 지닌 물질이다.

우리나라에서는 대마의 재배·생산·판매가 모두 불법이지만, 미국을 비롯한 일부 국가에서는 의료용 또는 오락용으로 부분적으로 합법화되어 있다. 반면, 아시아 최초로 대마 규정을 완화했던 태국이 최근 다시 이를 마약류로 재지정하면서, 대마의 중독성과 의존성에 대한 사회적 논쟁은 여전히 지속되고 있다.

① 대마의 안정성 논란

대마를 피우면 기분이 좋아지고, 긴장이 풀리며 식욕이 증가되는 증상이 나타난다. 단기적 부작용으로는 입 마름, 눈의 충혈, 집중력 저하 등이 보고된다. 그러나 장기간 복용할 경우 이러한 부작용은 점차 심해진다.

토론토대학교 신티아 듀발(Cyntia Duval) 박사 연구팀은 대마초 성분이 여성의 생식력에 부정적인 영향을 미친다는 사실을 보고했다.[3] 2016~2023년 동안 CReATe 생식력센터에서 체외수정(IVF) 치료를 받은 여성 1,059명의 난포액을 분석한 결과, 대마 노출 여성에서 염색체 이상이 증가해 임신 성공률이 낮아졌다. 또한, 실험적으로 미성숙 난자를 대마 성분에 노출했을 때 염색체 분리 오류가 유의하게 증가했으며, 이는 유산이나 발달장애 위험을 높일 수 있음을 시사한다.

또한 영국 런던 킹스 칼리지의 말타 포티(Marta Di Forti) 연구팀은 2010~2015년 동안 유럽과 브라질의 18~64세 대마 흡연자를 모집하여 사용패턴에 따른 정신질환 영향을 확인하였다.[4] 연구 결과 대마 장기 흡연은 정신질환 발병 위험을 최대 5배까지 증가시켰다.

② 대마의 주성분

대마의 주성분은 **테트라하이드로칸나비놀**(tetrahydrocannabinol, THC)과 **칸나비디올**(cannabidiol, CBD) 성분이다. 두 성분은 모두 대마에서 추출되지만, 작용과 효과는 서로 다르다.

테트라하이드로칸나비놀(THC)은 대마의 주된 정신 활성 성분으로, 흥분과 마취 작용을 보이며 환각과 중독을 유발하여 마약으로 분류된다. 일조량이 많은 지역에서 자랄수록 테트라하이드로칸나비놀 함량이 더 높다. 소량 섭취 시에는 기분이 고조되고 흥분을 느끼지만, 다량 섭취 시에는 환각, 현실 왜곡, 판단력 저하 등의 증상이 나타난다. 장기 복용 시 우울증, 인지 장애, 집중력 저하, 정신 이상 등이 발생할 수 있다.

칸나비디올(CBD)은 테트라하이드로칸나비놀과 달리 환각 작용이나 중독성이 없으며, 대마초 추출물의 최대 40%를 차지한다. 최근 연구에서 뇌전증 치료, 항염증, 통증 완화, 항암 효과 등이 보고되면서 의료용 활용 가능성이 주목받고 있다.

③ 대마에 의한 뇌손상

2018년 몬트리올 대학교 패트리샤 콘래드(Patricia J. Conrad) 교수 연구팀은 청소년기 대마초 및 알코올 사용이 인지 능력에 미치는 영향을 확인하였다.[5] 3,826명의 13세 청소년을 4년간 장기 추적하여 대마 복용이 학업 성적, 주의력을 비롯한 인지 능력에 미치는 영향을 조사한 결과, 대마를 흡입한 청소년은 비복용자에 비해 작업 기억, 추론력, 행동 조절 능력이 저하되었다. 특히 이러한 인지 저하는 알코올보다 더 큰 영향을 미치는 것으로 보고되었다.

대마의 활성 성분은 뇌의 칸나비노이드 수용체(cannabinoid receptor, CBR)에 결합하여 작용한다. 특히 해마에 이 수용체가 많이 존재하는데, 테트라하이드로칸나비놀이 수용체에 결합하면 해마의 혈류량이 감소하고, 그 결과 공간 기억 및 단기 기억 능력이 손상된다.[6]

또한 대마 흡입은 도파민 분비 자체를 감소시키지 않지만, 보상회로(reward circuitry)를 손상시켜 쾌감과 동기부여 체계에 이상을 초래한다. 이로 인해 스트레스에 대한 저항력이 떨어지고, 짜증과 분노 조절 장애, 자존감 저하가 나타난다. 심각한 경우에 도파민을 증가시키는 물질(메틸페니데이트)을 주입해도 심박수나 혈압의 증가가 나타나지 않는다.

대마는 일시적인 기분 고조나 진통 완화 효과를 보이지만, 장기간 사용 시 뇌의 신경전달체계 및 보상회로를 손상시키고 인지 능력 저하, 정신질환, 생식기능 장애 등 심각한 부작용을 초래할 수 있다. 따라서 대마의 의료적 활용

가능성에 대한 연구는 신중히 이루어져야 하며, 비의료적 사용이나 남용은 엄격히 금지되어야 한다.

4) 아편

① 정의 및 역사

아편은 인류가 사용한 가장 오래된 약물 중 하나로, 기원전 4000년경 스위스 신석기 유적에서 재배 흔적이 발견될 만큼 오랜 역사를 가지고 있다.

양귀비(*papaver somniferum L.*)의 과실에서 얻은 유액을 건조하여 만든 아편은 강력한 진통 및 진정 효과를 가지고 있지만, 중독성이 매우 강해 위험한 마약류로 분류한다.

② 아편의 주성분과 작용

아편에는 약 20종의 알칼로이드 성분이 포함되어 있으며, 그중 대표적인 성분은 모르핀, 코데인, 파파베린이다.

모르핀(morphine)은 아편의 10~15%를 차지하며, 중추신경계에 작용하여 강력한 진통과 진정 효과를 유발한다. 의료용 마약성 진통제로 사용되지만, 중독성이 강하다.

코데인(codeine)은 모르핀 유도체로 아편 속에 약 0.7~2.5% 함유되어 있으며, 주요 작용은 진통 및 진해 작용을 한다. 때문에 기침약이나 진통제로 사용된다.

파파베린(papaverine)은 마약성이 없으며 경련 완화, 혈관 확장 작용을 하여 관련 치료제로 사용된다.

그 밖에 테바인(thebaine), 노스카핀(noscapine) 등 다양한 성분이 포함되어 있으며, 중추신경 억제 작용을 통해 진정, 지사, 최면, 마취 보조 등에도 사용될 수 있다. 하지만 내성과 중독 위험이 존재하며, 과다복용으로 심각한 경우에는 호흡이 억제되어 사망에 이를 수 있다.

③ 아편의 작용 기전

아편 및 오피오이드 계열 약물은 뇌와 척수의 **오피오이드 수용체**(opioid receptor)에 결합하여 작용한다. 이 과정에서 도파민 분비가 증가하며, 강력한 진통과 함께 쾌감을 유도한다. 하지만 동시에 호흡억제, 의식저하 등 심각한 부작용을 초래할 수 있다

④ 대표적인 오피오이드 약물

헤로인(heroin)은 양귀비의 주성분인 모르핀에서 합성한 강력한 마약으로, 정맥 주입 시 15~20초 만에 뇌에 도달한다. 오피오이드 수용체에 결합해 강한 도취감을 유발하며, 과다 사용 시 호흡 억제와 사망에 이를 수 있다. 실제로 헤로인 과다 사용으로 수천 명의 사람들의 사망하기도 했다.

펜타닐(fentanyl)은 통증 경감을 위해 사용되는 아편계 마취 진통제이다. 모르핀보다 50~100배 강력한 합성 진통제로, 말기 암 환자 등 극심한 통증 환자에게 주로 처방한다. 불법 복용 시 근육경직, 호흡곤란, 혼수상태 등이 발생할 수 있으며, 심각한 경우 사망에 이른다. 2021년 미국 내 마약 과대복용 사망자 100,306명에 이르렀는데 그중 대부분은 펜타닐 불법 사용에 의한 것이다.

자일라진(xylazine)은 원래 동물용 진정제로 사용되는 약물이다. 최근 불법 마약시장에서는 펜타닐과 혼합한 치명적인 조합이 확산되며 심각한 사회적 문제로 떠오르고 있다. 이 약물을 복용하면 심박수·호흡·혈압이 위험할 정도로 저하될 뿐 아니라 피부 궤양과 농양이 발생할 수 있으며, 방치할 경우 피부 괴사로 이어질 위험도 있다. 이러한 특징 때문에 '좀비 마약'으로 불린다.

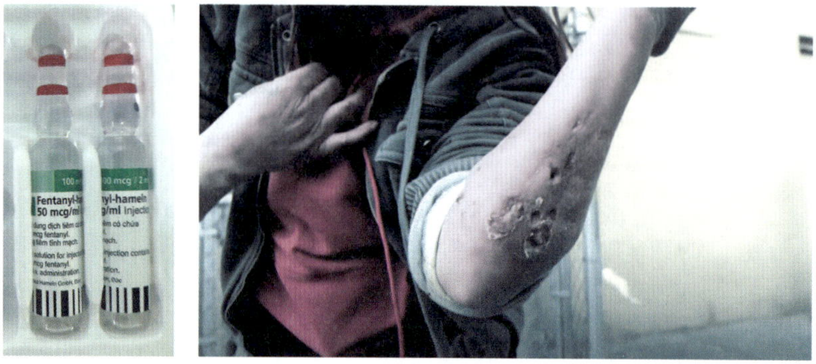

[펜타닐(좌), 자일라진 투약 부작용으로 생긴 환자의 상처(우)]

(출처: Lê Huỳnh Bộ, CC BY-SA 4.0, Wikimedia Commons (좌), https://ashevillerecoverycenter.com/what-is-tranq/ (우))

⑤ 오피오이드 중독 치료제

오피오이드 중독 환자에게는 금단증상 완화와 재발 방지를 목표로 다양한 약물이 사용된다.

메타돈(methadone)은 합성 오피오이드로, 중독성은 낮고 작용 시간이 길어 금단 증상 완화에 도움을 준다.

부프레노르핀(buprenorphine)은 오피오이드의 금단증상과 갈망을 완화하는 데 효과적이고 의존성이 강하지 않다. 보통 날록손과 함께 처방되어 오남용을 방지한다.

날트렉손(naltrexone)은 오피오이드 수용체를 차단하여, 오피오이드 사용 시 쾌감을 느끼지 못하게 함으로써 재발 방지에 사용된다. 알약이나 한 달에 한 번 맞는 근육 주사 형태로 투여한다.

그러나 최근 자일라진과 펜타닐 혼합 복용 시에는 이러한 치료제가 효과를 보기 어려워 문제가 되고 있다. 자일라진은 아편 유사제(오피오이드)가 아니므로, 오피오이드 해독제인 날록손이 자일라진으로 인한 호흡 억제 효과를 되돌리지 못한다.

아편은 오랜 역사와 강력한 진통 효과에도 불구하고, 중독성과 부작용이 매우 높아 반드시 의료적 관리하에 사용되어야 한다. 최근 불법 약물 혼합으로 인한 피해가 증가하면서, 아편 및 오피오이드의 위험성에 대한 사회적 경각심을 높일 필요가 있다.

5) 인터넷 중독

① 인터넷 사용 현황

한국은 전 세계에서 인터넷 보급률과 사용률이 가장 높은 국가 중 하나로, 2024년 기준 가구 인터넷 접속률 99.97%, 이용자 수 4,770만 명에 이른다. 또한 한국은 '프로게이머의 나라'로 불릴 만큼 게임 산업이 발달했다. 2023년 기준 세계 게임시장 4위를 차지했으며, 리그 오브 레전드(LoL), FC 온라인, 발로란트(Valorant), 스타크래프트(Starcraft) 등에서 한국 프로게이머들의 활약은 세계 최고 수준이다.

하지만 이러한 발전의 이면에는 과도한 인터넷 사용으로 인한 신체적, 정신적, 사회적 부작용이 동반되고 있다. 특히, 코로나19 이후 온라인 수업과 비대면 생활이 일상화되면서 인터넷 사용은 더욱 증가하였고, 동시에 인터넷 중독 문제가 심각하게 대두되고 있다.

② 인터넷 중독의 정의

인터넷 중독(internet addiction disorder, IAD)이라는 용어는 1996년 정신과 의사인 이반 골드버그(Ivan Goldberg)가 처음으로 정의했다. 인터넷을 과다 사용하여 인터넷 사용에 대한 금단과 내성이 생겨, 이로 인해 일상생활의 장애가 유발되는 상태이다. 초기에는 '오락 중독', '컴퓨터 중독', '사이버 중독' 등의 용어로 불렸으나, 최근에는 '인터넷 중독'이라 칭한다.

③ 킴벌리 영의 인터넷 중독 유형

심리학자 킴벌리 영(Kimberly Young)은 인터넷 중독을 다음과 같이 다섯 가지로 분류했다.

첫째, 사이버 섹스 중독(cybersexual addiction)으로 섹스나 포르노 등의 내용물을 담고 있는 인터넷 사이트들(음란 채팅, 음란물 공유, 성인 방송 등)을 강박적으로 계속 드나드는 것을 말한다.

둘째, 사이버 관계 중독(cyber-relationship addiction)은 온라인을 통한 인간관계에 과도하게 몰두하며, 실제 인간관계를 등한시한다.

셋째, 네트워크 강박증(net compulsion)은 온라인 게임, 쇼핑, 주식 매매 등을 반복적으로 수행하는 형태를 말한다.

넷째, 정보 중독(information overload)은 강박적으로 웹사이트나 자료를 검색한다. 자신에게 필요한 정보보다는 정보 수집 자체에 집착하게 된다.

다섯째, 컴퓨터 중독(computer addiction)은 강박적으로 온라인 게임에 몰두하는 형태로, 청소년들과 젊은 성인에서 자주 나타난다.

④ 인터넷 중독의 문제점

인터넷 중독 역시 내성과 금단증상이 나타난다. 내성으로 인해 인터넷 사용 시간이 점점 길어지며, 사용을 중단하면 불안·초조·허전함 등의 대표적인 금단증상이 나타난다. 이는 대인관계 및 사회적 문제로도 이어진다. 현실에서의 교류가 줄어들고 대인기피, 학업 성적 저하, 가족 및 이성 간 갈등이 발생할 수 있다.

신체적 문제로는 장시간 컴퓨터 사용으로 인한 VDT(visual display terminal) 증후군이 대표적이다. 시력 저하, 눈의 피로, 조절성 내사시, 어깨 결림, 두통, 구토, 사이버 멀미 등이 발생한다.

정신적 문제도 발생한다. 장기적인 인터넷 과다 사용은 주의력 결핍 과잉 행동 장애(ADHD), 우울증, 충동조절장애, 사회공포증, 특정 인격장애 등을 유발할 수 있다.

범죄 및 사회 일탈이 발생한다. 사이버 공간과 현실의 경계를 구분하지 못해, 충동적 행동이나 범죄로 이어지는 사례도 증가하고 있다.

⑤ 게임중독 뇌 변화

최근 연구에 따르면 게임 중독은 마약 중독과 유사한 뇌 변화를 유발하는 것으로 보고되고 있다.

첫째, 전두엽 기능 저하가 나타난다. 독일 본 대학 연구진은 주당 15시간 이상 1인칭 슈팅 게임을 할 경우, 공포·공격성을 조절하는 가운데 전두엽의 활동이 감소함을 확인했다.[7]

둘째, 안와전두피질의 이상이 확인된다. 분당서울대병원 김상은 교수 연구에 따르면, 게임중독자의 안와전두피질(의사결정, 충동성 조절과 관계가 있는 영역)의 기능이 물질 중독자와 유사하게 저하되었다.[8]

또 다른 문제로 보상중추 변화를 꼽기도 있다. 벨기에 겐트대 시몬 쿤(S. Kuhn) 박사 연구단은 유럽 14세 청소년 154명의 뇌를 촬영했다. 그 결과 일주일에 9시간보다 게임을 더 많이 한 청소년의 뇌는 왼쪽 줄무늬체(striatum)가 훨씬 커졌으며, 뇌의 보상회로가 마약중독자처럼 변형됨을 확인했다.[9]

⑥ 인터넷 중독 치료 및 예방법

인터넷 중독의 치료는 사용 자체를 금지하기보다, 과도한 사용으로 인해 발생하는 문제를 인식하고 생활습관을 교정하는 데 초점을 두어야 한다.

첫 번째, 인터넷 사용시간을 관리한다. 접속 시간과 사용 시간을 기록하여, 사용 패턴을 인식하고 계획적으로 관리한다.

두 번째, 목적 없는 웹 서핑을 자제한다. 단순한 심심풀이 목적의 접속을 피하고, 필요한 경우에만 인터넷을 사용한다.

세 번째, 일정한 사용 리듬을 유지한다. 컴퓨터를 켜고 끄는 시간을 일정하게 유지하며, 불필요한 확인(이메일, SNS 등)을 삼간다.

네 번째, 가족과 함께 사용하는 환경을 조성한다. 컴퓨터를 공용 공간(거실 등)에 설치하여, 은밀한 사용을 방지한다

다섯 번째, 오락 목적의 사용을 줄인다. 게임이나 동영상 시청 시간을 줄이고, 현실에서의 여가활동을 늘린다.

여섯 번째, 규칙적인 수면 습관을 유지한다. 늦은 밤 사용을 피하고, 정해진 시간에 취침하여 생체리듬을 회복한다.

일곱 번째, 대체 활동을 개발한다. 운동, 독서, 악기 연주 등 인터넷 외 취미를 개발하여 심리적 만족을 얻는다.

여덟 번째, 신체 활동을 강화한다. 규칙적인 운동을 통해 스트레스를 해소하고 현실감각을 유지한다.

아홉 번째, 현실 인간관계를 확대한다. 친구나 가족과의 대면 교류를 늘리고, 온라인 의존도를 줄인다.

열 번째, 자기 인식과 문제를 수용한다. 자신의 중독 상태를 인정하고, 원인(불안, 스트레스 등)을 파악하여 개선하려는 노력을 기울인다.

열한 번째, 전문가 상담 및 치료를 받는다. 우울, 불안, 충동조절 문제 등 동반 질환이 있다면 정신과 전문의의 상담과 약물치료를 병행한다.

세계보건기구(WHO)는 게임에 대한 집착과 통제력 상실로 일상생활에 문제가 발생하는 상태를 '게임사용장애(Gaming Disorder)'로 정의하였다. 다음의 9

가지 항목 중 5가지 이상에 해당될 경우 게임중독의 가능성이 높다.

게임사용장애 자가진단	체크
게임에 대한 집착	√
게임을 못할 때 금단 증상	
게임하는 시간이 지속적 증가	
게임을 통제하려는 시도 실패	
게임으로 인한 기존 취미에 대한 관심 상실	
심리적 문제를 인지하면서도 과도한 게임 이용	
게임을 얼마나 많이 하는지에 대해 거짓말	
무기력함, 죄책감, 짜증 등을 해소하기 위한 이용	
게임 때문에 대인관계, 직장, 학업 등에 지장	
총 개수	

인터넷은 현대 사회의 필수 도구이지만, 과도한 사용은 정신 건강과 사회 적응력에 심각한 영향을 미칠 수 있다. 중독 예방의 핵심은 균형 잡힌 사용과 현실적 인간관계 유지이며, 스스로의 생활습관을 성찰하고 관리하는 노력이 필요하다.

9장

퇴행성 뇌질환

노화가 일어나면 우리 몸은 어떻게 변할까? 80세 이상 고령자의 경우 청각은 20대에 비해 약 30% 감소하고, 심장의 1회 박출량과 폐활량은 약 50% 정도 줄어든다. 또한, 신경전달 속도 역시 느려져 약 85% 수준으로 감소하며 우리 몸의 여러 기능은 점차 저하된다.

1900년대 초반만 해도 사람의 평균수명은 50세에 미치지 못했다. 그러나 의학과 과학기술의 발전으로 2024년 기준 우리나라의 평균수명은 여성 90세, 남성 86세를 넘어섰다. 현대 사회의 많은 사람들은 단순히 오래 사는 것뿐 아니라 '건강하게 오래 사는 것(healthy aging)'을 목표로 하며, 노화의 원인을 규명하고 이를 늦추기 위한 다양한 연구가 진행되고 있다.

1. 노화의 원인 이론

노화의 원인에 대해서는 여러 가설이 제시되고 있다. 먼저 유전적 프로그

램설은 특정 노화 유전자가 존재하며, 생명체가 일정한 수명 프로그램에 따라 노화된다고 본다. **체세포 돌연변이설**은 유전자의 돌연변이나 DNA 손상이 축적되면서 세포 기능이 저하된다는 이론이다. **면역기능 저하설(면역능파탄설)**은 나이가 들수록 면역체계가 약화되어 질병과 염증 반응에 취약해진다는 이론이다. 또한 **스트레스설**은 외부 환경적 요인이나 스트레스가 세포의 손상을 유발하여 노화를 가속화한다고 본다. 한편, **노폐물 축적설**이란 신진대사 과정에서 생긴 노폐물이 제대로 배출되지 않아 세포 기능을 방해한다는 주장이다.

최근에는 이런 이론들과 더불어, 염색체 말단 구조인 **텔로미어**의 길이가 세포 수명과 밀접한 관련이 있다는 연구가 주목받고 있다.

1) 텔로미어와 노화

텔로미어(telomere)는 '끝(telo)'과 '실(mere)'을 뜻하는 단어로, 염색체의 끝부분을 말한다. 이 부위는 세포의 수명을 결정하는 중요한 역할을 담당하며, 세포가 분열할 때마다 조금씩 짧아진다.

텔로미어에는 TTAGGG라는 염기서열이 1,000번 이상 반복되어 있으며,

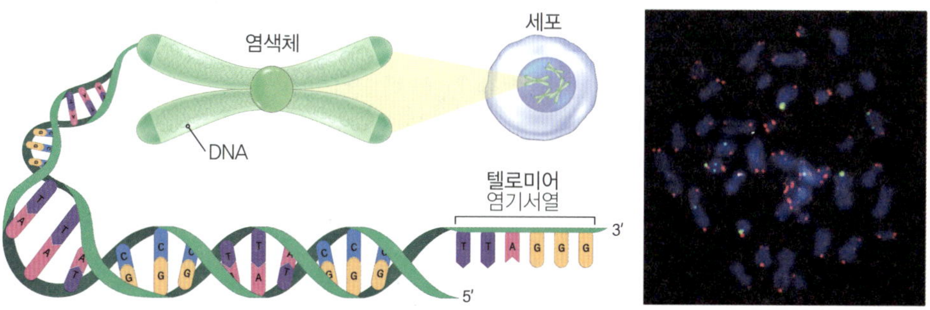

[텔로미어의 구조와 텔로미어의 모습]

(출처: Asako J. Nakamura, Christophe E. Redon, William M. Bonner, and Olga A. Sedelnikova, CC BY-SA 3.0, Wikimedia Commons)

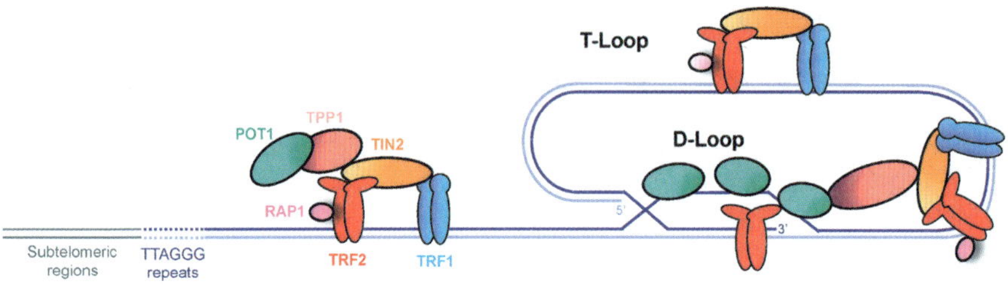

[텔로미어의 T-loop 구조]

(출처: Maestroni, L., Matmati, S., & Coulon, S. (2017). Solving the Telomere Replication Problem. Genes, 8(2), 55.)

이러한 반복 구조는 사람뿐 아니라 여러 종에서도 유사하게 발견된다. 미국 록펠러대학교의 티티아 드 랭(Titia de Lange) 교수와 노스캐롤라이나대학(University of North Carolina)의 잭 그리피스(Jack D. Griffith) 교수의 연구를 통해 인간의 텔로미어가 T-loop이라는 고리 구조를 이루고 있음이 밝혀졌다.[1]

흥미롭게도 평균 수명이 약 2년인 쥐의 텔로미어 길이는 약 150kb로 인간(5~15kb)보다 훨씬 길지만, 인간의 수명이 훨씬 길다는 점에서 텔로미어의 절대적 길이보다는 구조적 안정성이 수명과 관련된다는 사실이 확인되었다.

2) 텔로머레이스의 역할

텔로머레이스(telomerase)는 세포 분열 시 손상되는 염색체 말단을 복구하는 효소로, RNA와 단백질로 구성되어 있다. 이 효소는 DNA 말단의 짧아짐을 방지하여 세포의 수명을 연장시키는 기능을 한다.

미국 존스 홉킨스(Johns Hopkins) 대학의 캐롤 글라이더(Carol W. Greider), 솔크 생물학 연구소의 엘리자베스 블랙번(Elizabeth H. Blackburn), 하버드 의대의 잭 쇼스텍(Jack W. Szostak) 교수팀은 텔로머레이스를 발견하고, 이 효소가 존재하는 세포는 텔로미어 길이를 유지한다는 사실을 규명하여 2009년 노벨 생리의학상을 받았다.[2,3]

또한 미국 하버드대학교의 로날드 데피노(Ronald A. DePinho) 교수팀은 노화가 진행된 쥐에게 텔로머레이스를 주입하는 실험을 진행했다.[4] 이 실험에서 텔로머레이즈 주입한 결과, 뇌의 크기와 신체 기능이 회복되는 현상을 관찰하였다. 이 연구는 텔로미어와 노화의 연관성을 실험적으로 입증한 사례로 평가받고 있다.

3) 텔로미어 단축과 퇴행성 질환

시간이 지남에 따라 텔로미어의 길이는 짧아지고 세포의 수명은 마지막을 향한다. 텔로미어가 짧아진 세포에서는 염증 반응이 일어나거나 면역세포의 노화가 일어나기도 한다. 또한 신진대사량의 감소, 신경세포 간 시냅스 약화, DNA 손상에 따른 단백질 변형 등이 나타나며, 이는 암이나 퇴행성 뇌질환의 원인이 되기도 한다.

노화에 의해 나타나는 대표적인 질환에는 치매(dementia)가 있다. 치매는 여러 분야의 인지 영역에서 기능의 감퇴가 나타나고 이에 따라 일상생활에 문제가 발생한 상태를 말한다. 특히 **알츠하이머 질환**(Alzheimer's disease)은 가장 흔한 치매 유형으로, 텔로미어 단축과 뇌신경세포의 손상이 주요 원인 중 하나로 지목되고 있다.

국내 치매 환자의 수는 고령화에 따라 지속적으로 증가하고 있으며, 이에 대한 예방과 조기 치료의 중요성이 더욱 강조되고 있다.

2. 알츠하이머 질환(AD)

알츠하이머 질환(Alzheimer's disease, AD)은 치매를 유발하는 가장 대표적인

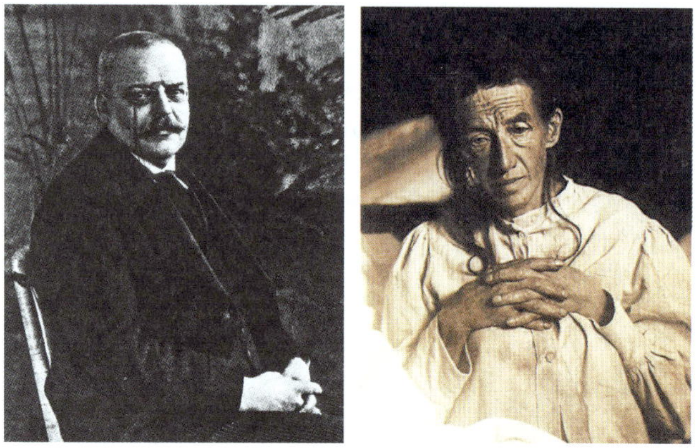

[알로이스 알츠하이머 박사(좌), 오거스트 디 환자(우)]

퇴행성 뇌질환이다. 1907년 독일의 정신과 의사 알로이스 알츠하이머(Alois Alzheimer) 박사가 51세 여성 환자 '오거스트 디(August D)'를 연구하면서 처음으로 이 질환을 보고하였다. 환자는 기억력 저하, 언어장애, 판단력 저하 등의 증상을 보였고, 사망 후 뇌를 절개한 결과 **아밀로이드 베타**(Amyloid-β) 단백질이 엉겨 형성된 **신경반**(amyloid plaque)과 **신경섬유덩어리**(neurofibrillary tangle)가 발견되었다. 이후 이러한 구조적 변화는 알츠하이머 질환의 대표적인 병리학적 특징으로 알려지게 되었다.

1) 알츠하이머 질환의 특징

이 질환은 매우 서서히 발병하여 점진적으로 악화되는 특징을 보인다. 초기에는 최근 기억의 손상이 두드러지며, 질환이 진행될수록 언어 능력, 판단력, 방향 감각, 일상생활 수행능력 등이 점차 저하된다. 결국에는 모든 인지 기능이 손상되어 일상적인 생활이 불가능해진다.

알츠하이머 질환은 주로 노년층에서 발생하며, 연령이 높을수록 발병률이 증가한다. 65~74세 사이에서는 약 5%가, 85세 이상에서는 절반 이상이 이 질환을 앓는 것으로 알려져 있다. 우리나라에서도 고령화 사회 진입 이후 환자 수가 급격히 증가하고 있으며, 2020년 기준 65세 이상 인구 약 813만 명 중 10.3%인 약 83,800명이 치매를 앓고 있는 것으로 보고되었다. 2050년에는 65세 이상 인구의 15%가 치매에 걸릴 것으로 전망된다.

2) 알츠하이머 질환의 증상

알츠하이머 질환의 대표적으로 알려진 증상은 기억력 감퇴이다. 가장 초기 증상으로 건망증, 시간이나 장소에 대한 방향 상실이 나타난다.

두 번째로는 언어 능력 저하가 나타난다. 적절한 단어가 떠오르지 않아 말을 주저하고 말문이 막히는 '단어 찾기 곤란' 증상이 보인다.

세 번째는 시공간 파악 능력 저하가 나타난다. 심해지면 낮과 밤을 혼동하는 모습을 보이고 연도나 계절을 파악하지 못한다. 계절에 맞지 않는 복장을 하고 외출하기도 한다.

네 번째로는 판단력 및 일상생활 수행 능력이 저하된다. 평소하던 장보기, 집안일에서도 일을 처리하기 어려움을 느끼고, 계획을 세우거나 결정하는 능력이 떨어진다.

다섯 번째는 정신 행동 증상이다. 성격변화, 초조행동, 우울증, 망상, 환각, 공격성 증가, 수면장애, 무감동 및 무관심 등이 동반된다. 일에 의욕이 없어지며 집에만 머물기를 원하거나, 작은 일에 공격적인 모습이나 행동을 보인다.

마지막으로 신체증상이 동반된다. 상당히 진행되면 보행장애, 근육 경직, 대소변 실금 등이 발생하며, 이로 인한 욕창, 폐렴, 낙상 등 2차적인 합병증이 생기기도 한다.

3) 알츠하이머 질환의 발병 원인

알츠하이머 질환의 정확한 원인은 아직 완전히 규명되지 않았지만, 유전적 요인과 환경적 요인이 복합적으로 작용하는 것으로 알려져 있다.

유전적인 경우는 드물며 주로 우성 유전이 이루어진다. 관련 유전자로 알려진 것은 **아밀로이드 전구 단백질**(amyloid precursor protein, APP) 유전자이다. 21번 염색체에 있는 이 염색체의 돌연변이에 의해 아밀로이드 베타 단백질이 과다 형성된다. 또 하나의 유전적인 원인으로 14번 염색체에 존재하는 **프리세닐린 1**(presenilin1, PS1), **프리세닐린2**(PS2)가 알려져 있다. 마지막으로 알려진 유전자로는 19번 염색체에 존재하는 **아포단백질**(apolipoprotein E, APOE)이 있다.

돌연변이가 있는 경우 가족적으로 알츠하이머병이 발병하는 것으로 알려져 있으나 이들은 모두 40~50대에 발병하는 조기 발병하는 알츠하이머 질환

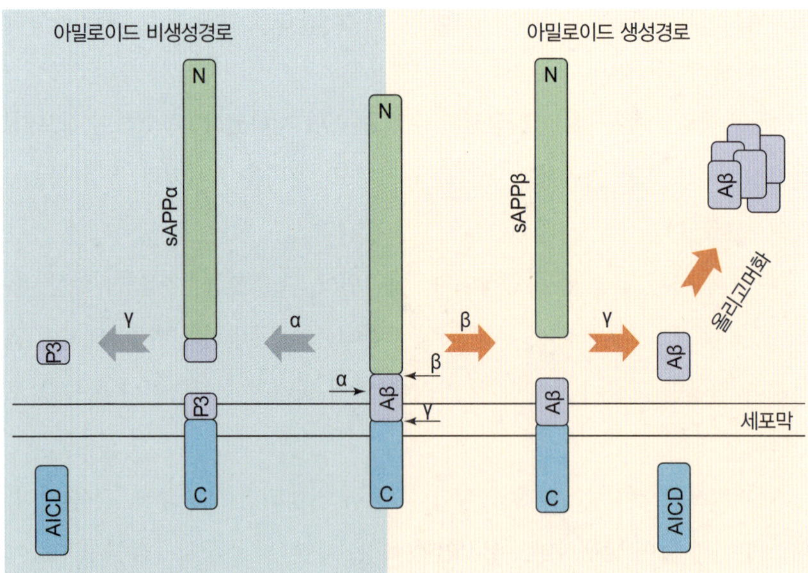

[아밀로이드 전구 단백질 유전자에서 발생하는 아밀로이드 베타의 발생 과정]

에만 관여한다. 노년기에 발생하는 대부분의 알츠하이머 질환은 유전적인 요인과는 무관하게 나타난다.

4) 알츠하이머 질환의 진단

알츠하이머 질환의 진단은 임상 증상과 뇌영상, 생화학적 검사를 종합하여 이루어진다.

인지 기능 검사로는 간이 정신상태검사(MMSE), 일상생활수행능력검사(ADL) 등이 있으며, 인지 저하 정도를 평가한다.

영상 검사로는 CT나 MRI를 이용해 뇌 위축, 특히 해마 부위의 감소 및 뇌실 확장을 확인할 수 있다. PET(양전자방출단층촬영)는 PiB(Pittsburgh compound B)를 이용하여 뇌 속의 아밀로이드 베타 단백질 축적을 시각화한다.

이외에 뇌척수액 검사(CSF)로 아밀로이드 베타 감소, 타우 단백질 증가 등 생화학적 지표를 분석하기도 한다. 이러한 종합적인 평가를 통해 80~90% 이상의 정확도로 질환을 감별할 수 있다.

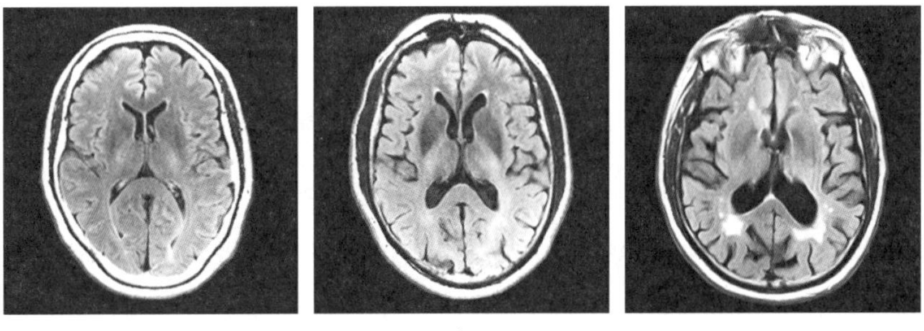

[정상인과 알츠하이머 질환(AD) 환자의 MRI를 통한 뇌 비교]

(출처: Avinash Chandra, George Dervenoulas & Marios Politis for the Alzheimer's Disease Neuroimaging Initiative, CC BY 4.0, Wikimedia Commons)

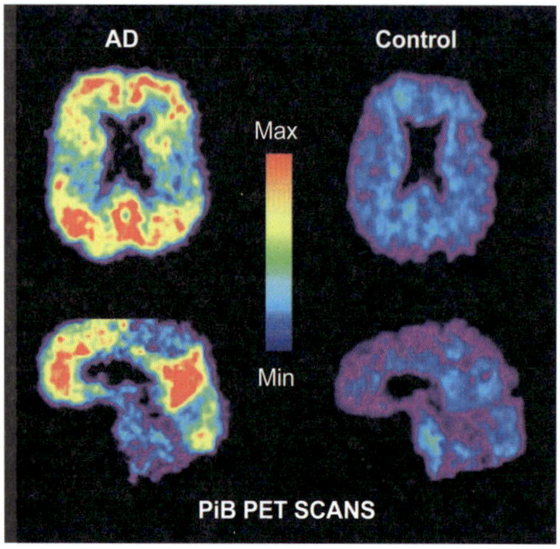

[정상인과 알츠하이머 질환 환자의 PET를 통한 뇌 비교]
(출처: Klunkwe, CC BY-SA 3.0, Wikimedia Commons)

5) 알츠하이머 질환의 치료

현재까지 알츠하이머 질환을 완치할 수 있는 치료법은 없으며, 증상 완화와 진행 지연을 목표로 한 약물치료가 주로 이루어진다. 아세틸콜린 분해효소 억제제(acetylcholine esterase inhibitor, ACEI)와 글루타메이트(glutamate)를 조절하는 약물이 개발되어 있다.

① 아세틸콜린 분해효소 억제제

알츠하이머 환자에서는 인지 기능을 담당하는 아세틸콜린 신경세포가 손상되어 신경전달물질의 양이 감소한다. ACEI 약물은 아세틸콜린의 분해를 억제하여 시냅스 내 농도를 높임으로써 인지 기능을 향상시킨다. 대표 약물로는 도네페질(donepezil), 리바스티그민(rivastigmine), 갈란타민(galantamine), 타크린(tacrine) 등이 있다.

② NMDA 수용체 길항제

과도한 글루타메이트 활성은 신경세포 독성을 유발해 인지 기능을 저하시킨다. NMDA 수용체 길항제(NMDA receptor antagonist)는 글루타메이트 작용을 조절하여 학습 및 기억 기능을 유지하고 병의 진행을 늦춘다. 대표 약물은 메만틴(memantine)이다.

6) 최근 개발 중인 치료제

최근에는 아밀로이드 베타(Aβ)를 표적으로 하는 항체 치료제(예: 레카네맙, 도나네맙 등)가 임상에서 사용되기 시작하였다. 이들은 질환의 근본 원인에 접근하는 치료제로 주목받고 있다.[5] 그러나 이러한 약물은 병의 초기에 투여해야 효과가 크므로, 조기 진단과 관리가 무엇보다 중요하다.

이외에도 하버드 의과대학의 브루스 얀크너(Bruce Yankner) 교수팀은 리튬 결핍과 알츠하이머병 발병의 연관성이 밝히며, 리튬 수준을 유지하면 기억력과 인지 기능이 개선됨을 확인했다.[6] 리튬이 병의 진행을 늦출 뿐만 아니라, 인지 기능 회복을 유도할 수 있는 알츠하이머질환의 새로운 치료제로 가능성을 보여준다.

3. 근위축성 측색경화증(ALS)

근위축성 측색경화증(amyotrophic Lateral Sclerosis, ALS)은 운동신경세포의 퇴행으로 인해 근육이 점차 위축되고 마비되는 진행성 신경계 질환이다. 이 질환은 미국의 전설적인 야구 선수 루 게릭(Lou Gehrig, 1903~1941)이 투병했던 병으로 잘 알려져 있으며, 그의 이름을 따서 **루게릭병**(Lou Gehrig's disease)이라고도 불린다. 루 게릭은 손과 다리의 근력 저하로 은퇴 후 점차 움직임, 언어, 삼킴 능력을 상실하였고, 발병 3년 만에 사망하였다.

ALS는 미국에서만 매년 약 5,600명이 진단되며, 발병 후 평균 생존 기간

[루 게릭이 뉴욕 양키즈 팀에서 활약하던 시절의 사진]

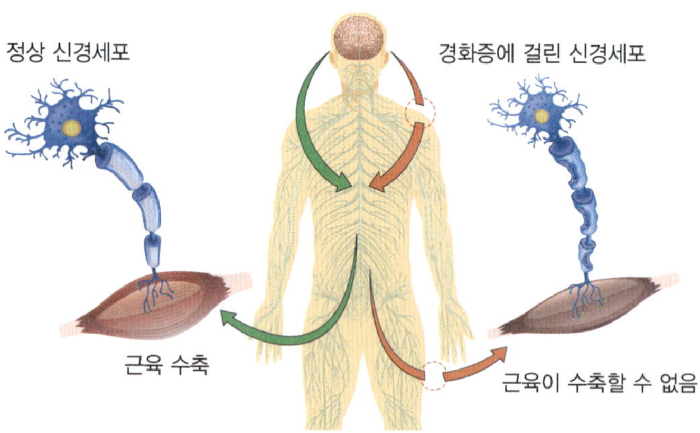

[근위축성 측색경화증(ALS)에서 나타나는 운동신경세포의 퇴화]

은 2~5년 정도이다. 이 질환은 운동신경세포에 영향을 주는 질환 중 가장 흔하고 치명적인 형태로 알려져 있다.

1) 근위축성 측색경화증의 증상

ALS의 초기 증상은 주로 손이나 발의 근력 약화로 시작되며, 점차 신체의 다른 부위로 퍼져 나간다. 주요 증상은 다음과 같다.

첫째로 근력 약화 및 위축이 나타난다. 초기에는 손가락이나 팔, 다리 근육이 약해지고, 근육의 경직·경련이 나타난다. 진행되면 몸 전체의 근육이 점차 위축되어 일상적인 동작 수행이 어려워진다.

두 번째 증상은 언어 및 삼킴 장애이다. 혀와 볼 근육의 약화로 음식물을 씹거나 삼키기 어려워지고, 발음이 부정확해지며 코맹맹이 소리가 나는 비음화된 언어가 나타난다. 시간이 지남에 따라 대화가 힘들어지고, 의사소통이 제한된다.

세 번째로는 호흡 장애가 발생한다. 말기에는 호흡근(가로막과 늑간근)이 약화되면서 호흡 부전이 발생하며, 대부분 호흡 부전이나 폐렴으로 사망한다.

다만, ALS는 주로 운동신경세포(motor neuron)만 선택적으로 손상시키므로, 감각기능·방광기능·지적기능은 대부분 정상으로 유지된다.

2) 근위축성 측색경화증의 진단

ALS를 확진할 수 있는 단일 검사는 없으며, 여러 검사를 통해 다른 질환을 배제하면서 진단한다. 주요 진단 방법은 다음과 같다.

근전도 검사(electromyography, EMG)를 통해 근육의 전기적 활동을 측정하여 신경전달 이상을 확인하고, 신경전도검사(nerve conduction velocity, NCV)에서 말초신경의 손상 여부를 평가한다. 또한, MRI나 CT와 같은 영상촬영을 통해 척수나 뇌의 구조적 이상을 배제한다. 그리고 혈액검사 및 생검을 통해 염증성 또는 대사성 질환을 감별한다.

ALS의 약 90%는 산발성으로 발생하며, 약 10%는 가족 유전 요인을 가진다. 가장 잘 알려진 유전적 변이는 과산화물제거효소(superoxide dismutase 1, SOD1) 유전자로, 세포 내 활성산소를 제거하는 효소의 기능이 저하되어 신경세포의 손상이 일어나는 것으로 알려져 있다.

3) 근위축성 측색경화증의 발병 원인

ALS의 정확한 원인은 아직 명확히 밝혀지지 않았지만, 다음과 같은 요인들이 복합적으로 작용하는 것으로 추정된다.

첫째, 과도한 글루타메이트 독성(glutamate excitotoxicity)이 신경세포를 손상시킬 수 있다. 둘째, 산화적 스트레스(oxidative stress)가 원인이 될 수 있는데, 활성산소의 축적이 신경세포 사멸을 유발한다. 셋째, 자가면역반응(autoimmune response)이 일어나 면역체계가 운동신경세포를 공격할 수 있다. 넷째, 환경적 요인으로 중금속, 농약, 군 복무 중의 노출 등 다양한 환경적 스트레스가 위험 요인으로 보고되고 있다.

4) 근위축성 측색경화증의 치료

현재 ALS를 완치할 수 있는 치료법은 없지만, 증상 완화 및 진행 지연을 목표로 다양한 치료가 시행된다.

가장 먼저 약물치료가 시행된다. 글루타메이트 억제제(anti-glutamate drug)는 신경세포 손상의 원인으로 알려진 과도한 글루타메이트를 억제하여 질병 진행을 늦춘다. 대표적으로 릴루졸(riluzole), 에다라본(edaravone) 등이 사용된다. 기타 약물은 근육의 강직이나 경련, 침 분비 증가 등 구체적인 증상 완화에 도움을 준다.

두 번째로 물리치료가 진행된다. 근육의 경직 완화, 관절의 가동 범위 유지, 호흡근 강화를 목적으로 시행된다. 물리치료사는 걷기, 눕기, 일어나기 등 기본적인 움직임을 돕고, 근육통이나 피로를 줄이는 데 도움을 준다.

세 번째로 언어치료가 필요하다. 초기에는 발음의 명확성을 유지하도록 훈련하며, 진행된 단계에서는 보조 의사소통 장치를 활용해 의사소통을 지속할 수 있도록 한다.

최근에는 신경성장인자(nerve growth factor, NGF)를 이용한 신경세포 보호 및 재생 연구와 줄기세포(stem cell) 치료 연구가 활발히 진행 중이다. 이러한 연구는 향후 ALS 환자에게 새로운 치료 가능성을 제시할 것으로 기대된다.

영화로 보는 뇌 이야기

스티븐 호킹의 〈사랑에 대한 모든 것(The Theory of Everything)〉

2015년 아카데미 시상식에서 가장 주목받은 작품 중 하나는 영화 〈사랑에 대한 모든 것〉이다. 이 작품에서 배우 에디 레드메인(Eddie Redmayne)은 영국의 천재 물리학자 스티븐 호킹(Stephen William Hawking, 1942~2018) 역을 맡아, 아카데미·골든글로브·영국 아카데미시상식 등 주요 영화제에서 남우주연상을 수상하였다.

스티븐 호킹은 케임브리지 대학원에서 물리학을 전공하던 중, 21세의 젊은 나이에 근위축성 측색경화증(ALS) 진단을 받았다. 이 질환은 운동신경세포가 점차 손상되어 근육의 위축과 마비를 일으키는 희귀성 퇴행성 신경질환으로, 대부분의 환자가 발병 후 수년 내에 사망에 이른다. 호킹은 진단 당시 단 몇 년밖에 남지 않았다는 예후를 받았지만, 이후 반세기 이상을 질환과 함께 살아가며 과학 연구를 지속하였다.

ALS의 진행으로 호킹은 점차 손발의 움직임을 잃고, 보행은 물론 언어 표현도 어려워졌다. 그럼에도 불구하고 그는 학문을 포기하지 않고, 사랑하는 배우자와 가정을 이루어 세 자녀를 두었다. 그의 연구는 계속되었고, 1988년 출간된 저서 『시간의 역사(A Brief History of Time)』는 전 세계적으로 큰 반향을 일으키며 복잡한 우주론을 대중에게 알리는 계기가 되었다.

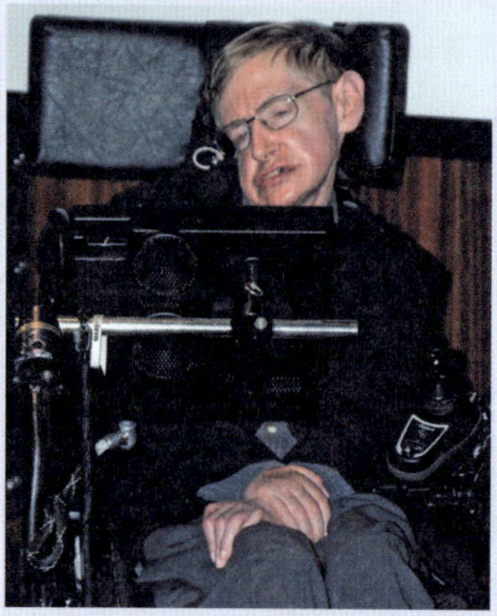

[스티븐 호킹]

1985년, 호킹은 폐렴으로 인해 생명의 위기를 맞았으나, 기관 절개술을 통해 호흡 보조 장치를 달고 생명을 이어갔다.
호킹 박사는 블랙홀, 빅뱅 이론, 양자 중력 등 현대 물리학의 핵심 주제들을 탐구하며 인류 과학사에 지대한 영향을 남겼다. 그는 2018년 3월 14일, 76세의 나이로 세상을 떠났다. 21세 근위축성 측색경화증을 판정받은 지 55년째 되던 해였다.
스티븐 호킹의 삶은 인간의 육체적 한계를 뛰어넘은 지성의 상징이다. 그는 병에 굴복하지 않고 오히려 그것을 넘어서는 정신의 힘을 보여주며, 과학과 인생에 대한 깊은 통찰을 남겼다. 〈사랑에 대한 모든 것〉은 그의 삶을 통해 인간의 의지, 사랑, 그리고 끝없는 탐구심이 얼마나 위대한가를 보여준다.

4. 헌팅턴병

헌팅턴병(Huntington disease, HD)은 주로 30~50세 사이에 발병하는 유전성 신경퇴행성 질환으로, 발병 후 약 10~20년에 걸쳐 서서히 진행된다. 질환이 진행되면 운동, 언어, 사고, 인지 능력이 점차 손상되며, 결국에는 일상생활이 불가능해지고 사망에 이른다.

1) 헌팅턴병의 주요 증상

헌팅턴병의 대표적 증상은 **무도증**(chorea), **정신 증상**(mental symptoms), **인지장애**(cognitive disturbances)이다.

무도증은 환자의 의지와 관계없이 나타나는 비정상적인 움직임으로, 처음에는 얼굴 근육의 경련으로 시작되며 점차 팔, 다리, 몸통으로 퍼져 비틀거리거나 불규칙한 운동으로 발전한다. 이러한 운동 증상과 함께 감정 변화, 우울, 과민성, 어눌한 말, 서투른 행동 등이 동반된다.

병이 진행되면 삼키기 어려움(연하 곤란), 보행 불안정, 균형 상실, 사고력 저하 및 기억 장애가 나타나며, 결국에는 폐렴, 심부전 등 합병증으로 사망에 이르게 된다.

2) 헌팅턴병의 원인

헌팅턴병은 4번 염색체의 HTT 유전자 변이로 인해 발생하는 상염색체 우성 유전 질환이다. 1993년, 헌팅턴병을 일으키는 원인 유전자가 밝혀지면서 유전자 검사를 통해 진단이 가능해졌다.

정상인의 경우 CAG 염기서열(사이토신(cytosine), 아데닌(adenine), 구아닌(guanine))이 약 6~10회 반복되지만, 헌팅턴병 환자에서는 36~80회 이상 반복된다. 이 반복 횟수가 많을수록 발병 시기가 빨라지며, 40~50회 반복에서는 성인기에, 60회 이상 반복에서는 청소년기 혹은 소아기에 발병할 수 있다. 일부 소아 환자의 경우 200회 이상 반복되는 사례도 보고된다.

이 돌연변이로 인해 비정상적인 **헌팅틴 단백질**(huntingtin protein)이 생성된다. 이 단백질은 신경세포 내에서 잘게 분해되어 세포 내 축적과 손상, 세포 사멸을 유도한다. 결과적으로 헌팅턴 단백질은 뇌의 여러 영역, 특히 운동 조절과

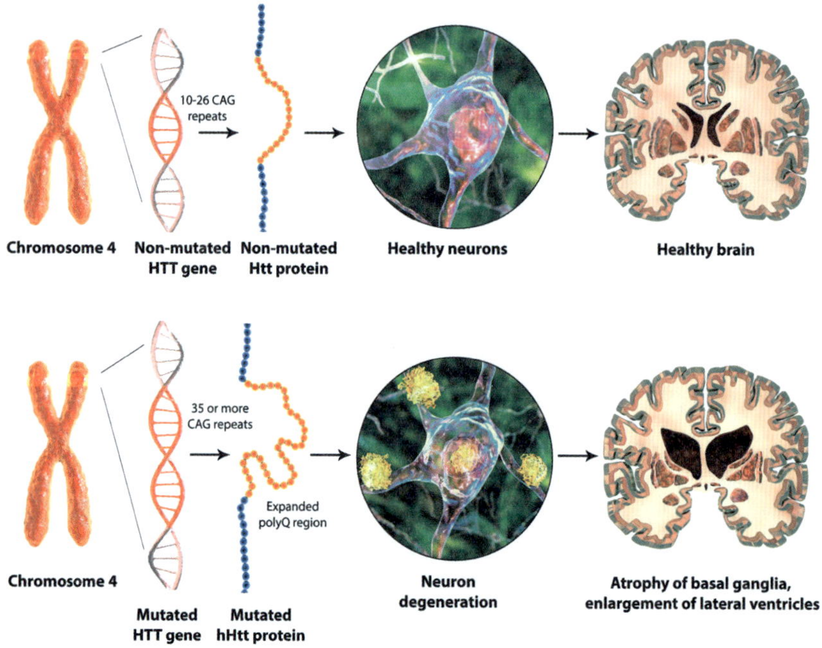

[헌팅턴병에서 헌팅턴 단백질이 발현되는 유전자와 뇌의 변화. 기저핵이 변하고 선조체가 위축된다.]

감정, 인지 기능을 담당하는 부위를 손상시킨다.

3) 헌팅턴병의 진단

헌팅턴병에 의해 가장 큰 영향을 받는 뇌의 부위는 기저핵(basal ganglia)이다. 기저핵은 미상핵(caudate nucleus), 피각(putamen), 담창구(globus pallidus) 등으로 구성된다. 특히 미상핵과 피각을 합친 선조체(striatum)가 위축되는 것이 헌팅턴병의 주요 특징으로, 이로 인해 팔과 다리의 운동 조절 능력이 감소한다. 또한 대뇌피질(cerebral cortex)도 점차 위축되어 성격 변화, 판단력 저하, 언어장애 등이 발생한다.

4) 헌팅턴병의 치료

현재 헌팅턴병은 증상 완화와 삶의 질 유지를 목표로 한 치료가 이루어진다. 약물치료는 운동 증상 완화를 위해 항불안제(benzodiazepine)나 비정형 신경이완제를 투여하여 무도증을 완화한다. 심한 경우에는 항도파민제를 사용하여 도파민 전달을 억제함으로써 불수의적 운동을 줄인다. 또한, 환각, 망상, 불안과 같은 정신증상이 동반되는 경우에는 항정신성약물 할로페리돌(haloperidole)과 같은 약물을 사용하기도 한다.

약물 이외에도 환자는 에너지 소비가 많고 체중이 감소하기 쉬우므로, 고열량·고단백 식이로 충분한 에너지를 공급해야 한다. 또한, 언어·운동 재활, 심리 상담을 병행하여 일상생활 유지와 가족 부담을 완화하는 것도 중요하다.

최근에는 유전자 치료제를 뇌에 직접 주입하는 수술이나, 독성 단백질이 사람 몸에서 만들어지지 않도록 하는 유전자 치료도 연구되고 있다. 이러한 연구는 향후 헌팅턴 환자에게 새로운 치료 가능성이 될 것으로 기대된다.

5. 파킨슨병

파킨슨병(Parkinson's disease)은 알츠하이머병 다음으로 흔한 퇴행성 뇌질환으로, 주로 60세 이상 노년층에서 약 1~2%의 유병률을 보인다. 운동 기능 저하와 함께 인지장애, 정신 증상, 자율신경계 이상 등을 일으키는 만성 신경퇴행성 질환이다.

파킨슨병을 알았던 유명한 사람은 바로 독일의 독재자 아돌프 히틀러(Adolf Hitler, 1889~1945)이다. 독일의 총독으로 유럽의 대부분을 점령하고 수많은 유대인을 학살하는 만행을 저질렀으며, 패전이 확실시되자 1945년 베를린의 지하벙커에서 함락되기 직전에 자살한 것으로 역사는 그를 기록하고 있다.

히틀러는 안정 시 떨림, 앞으로 몸이 굽어지는 양상의 자세 변화, 표정 저하, 느린 움직임 그리고 글씨가 점점 작아지는 증세 등 전형적인 파킨슨병 환자의 증상을 가지고 있었다. 히틀러는 40대 중반부터 왼쪽 팔에서 안정 시 떨림이 시작됐다. 실제로 1940년대 영상을 보면 오른팔에 비해 왼팔의 움직임이 떨어져 있고, 사망하기 바로 전인 1945년에는 왼팔을 거의 움직이지 않고 느리게 걷는 모습이 관찰된다.

히틀러 이외에도 복싱선수 무하마드 알리(Muhammad Ali), 배우 로빈 윌리암스(Robin Williams)나, 교황 요한 바오로 2세(Pope John Paul II) 같은 유명한 사람들이 이 질환에 걸렸다는 것이 알려지면서 파킨슨병은 대중에게 널리 알려지게 되었다.

[왼쪽 팔을 잡고 있는 아돌프 히틀러와 히틀러의 필체 변화]

(출처: warrelics.eu/forum/)

1) 파킨슨병의 증상

파킨슨병의 주요 증상은 운동 증상, 인지장애, 정신 증상, 수면 이상, 자율신경계 이상으로 구분된다.

첫 번째로 운동 증상의 변화로 운동 완서, 근육 강직, 떨림, 자세 불안정이 나타난다. 운동 완서(bradykinesia)가 발생해 움직임이 느려지고 동작이 둔해진다. 근육 강직(rigidity)이 나타나 관절을 굽히거나 펼 때 근육의 저항이 느껴지며 뻣뻣한 느낌이 든다. 그리고 손이나 팔에서 미세한 떨림(tremor)이 나타난다. 또한 구부정한 자세, 짧은 보폭, 발을 끄는 보행 등 균형 장애가 발생한다.

[파킨슨병의 증상. 운동 증상, 인지장애, 정신 증상, 수면장애]

(출처: Gemini)

두 번째로 인지장애(cognitive changes)가 나타난다. 파킨슨 환자의 약 80% 정도는 인지장애를 겪는다. 집중력, 기억력, 사고력 등에서 문제가 발생하며 일부 환자는 치매까지 발전하기도 한다.

세 번째 특징으로는 정신 증상이 나타난다. 40~50%의 파킨슨 환자가 우울증을 겪는다. 자책보다는 불쾌감, 무기력, 슬픔 등의 정서적 변화가 나타나며, 환각이나 망상과 같은 정신과적 증상이 발생하는 경우도 있다.

네 번째 변화로는 수면 이상이 발생한다. 폐쇄성 수면무호흡증, 불면, 렘수면행동장애(REM sleep behavior disorder) 등이 동반된다. 렘수면행동장애는 꿈속 행동을 실제로 옮기는 증상으로, 파킨슨병 진단 이전부터 나타나기도 한다.

마지막은 자율신경계 이상이 동반된다. 기립성 저혈압, 배뇨장애, 변비, 성기능 장애 등 발생될 수 있다. 이러한 증상은 일상생활의 불편함과 삶의 질 저하로 이어질 수 있다.

2) 파킨슨병의 원인

몇 가지 알려진 원인 중 하나는 환경적 요소이다. 외부에서 인체 내로 유입되어 세포에 악영향을 줄 수 있는 물질에 의해 발병된다. 산화 반응과 관련된 금속 물질인 철, 살충제, 제초제, 우물물 이용 등이 그 주요 원인으로 알려져 있다.

또 하나의 영향을 주는 원인은 유전적 요소이다. 비록 파킨슨병의 원인은 알려지지 않았지만, 과학자들은 유전적 요소와 환경적 요소가 **도파민**(dopamine)을 만드는 세포를 망가뜨리고 결국 손실되게 하는 데 관여한다고 대체적으로 합의하고 있다. 대부분의 경우 유전되지 않지만, 유전적 요소가 관여된 경우도 존재하며 지금까지 알려진 관련 유전자로는 Parkin, DJ1, LRRK2 등이 연구되고 있다.

3) 파킨슨병의 진단

세포 수준에서 보면, 파킨슨병은 중뇌에 위치한 **기저핵**(=바닥핵, basal ganglia)의 **흑질**(substantia nigra, SN) 영역에서 도파민의 전달 소실 때문에 발생한다. 이로 인해 선조체, 창백핵(globus pallidus), 시상밑핵(subthalamic nucleus)으로 구성된 기저핵 회로의 기능적 균형이 깨진다. 특히 흑질의 도파민 신경세포가 약 40% 이상 소실될 경우 임상 증상이 나타난다.

중뇌의 흑질 영역의 도파민 세포의 소실의 주요 이유는 대뇌에 비정상적으로 발달한 단백질 덩어리인 **루이 소체**(Lewy body)가 발생하기 때문이다. 루이 소체는 뇌신경세포 내 비정상적으로 인산화된 신경섬유 단백질 및 유비퀴틴(ubiquitin)과 알파시누클레인(alpha-synuclein)이 응집된 집합체를 말한다.

또 하나의 주요 원인으로 알려진 것은 **미토콘드리아**(mitochondria)의 손상이다. 미토콘드리아의 손상으로 신경 기능의 유지가 불가능해지면서 세포가 사멸하게 된다.

그리고 신경염증 이상반응에 의하여 흑질 부위의 신경세포가 사멸한다.

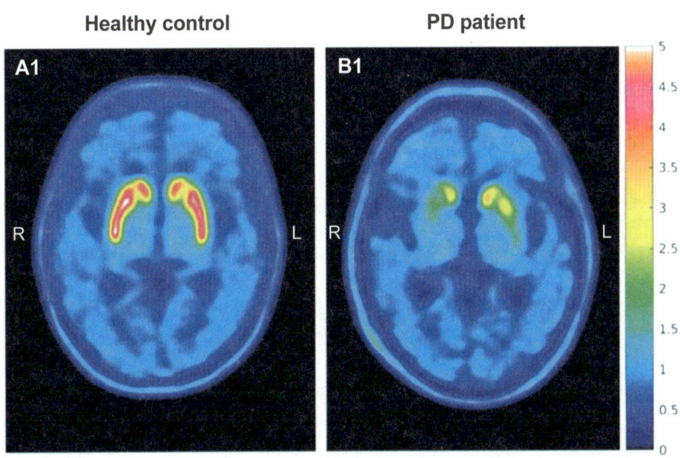

[파킨슨병 환자의 PET 영상]

(출처: Jakobson Mo et al., CC BY 4.0, Wikimedia Commons)

4) 파킨슨병의 치료

파킨슨병 증상을 조절하고 삶의 질을 향상시키는 다양한 치료 방법이 시행되고 있다.

① 약물치료

레보도파(levodopa)는 뇌에서 도파민으로 전환되어 가장 효과적인 약물로 사용된다. **도파민 작용제**(dopamine agonist) 및 **도파민 분해 억제제**(MAO−B inhibitor)는 도파민의 효과를 유지하거나 연장한다. 다만 장기간 복용 시 약효가 감소하고 이상운동증이 나타날 수 있어 조절이 필요하다.

② 수술 및 시술

수술적 치료 방법인 **창백핵절단술**은 과도하게 활성을 보이는 핵들인 창백핵(globus pallidus)과 시상밑핵(subthalamic nucleus)을 수술을 통해 불활성화하거나 파괴한다. 이를 통해 파킨슨병의 증상을 상당히 줄일 수 있다. 또 다른 방법은 **뇌심부자극**(deep Brain Stimulation, DBS)을 이용하는 것으로, 증상이 심하게 악화되거나 약에 의해 의도하지 않은 운동들을 보이는 환자들을 성공적으로 치료하고 있다.

최근 새롭게 떠오르는 치료법은 **세포이식법**(stem cell therapy)이다. 파킨슨 환자들에게 태아세포(fetal cell), 줄기세포(stem cell) 등 도파민을 생성할 수 있는 세포를 이식하는 방법이다. 이 방법을 통해 죽어가는 흑색질의 도파민 신경세포를 대체하여 파킨슨병이 호전을 기대하고 있다.

연구로 보는 뇌 이야기

뇌 이야기–파킨슨병의 세포이식치료 성공을 알린 김광수 교수

미국 하버드대 맥린병원의 김광수 교수 연구팀은 도파민 신경의 분화 메커니즘을 규명하여 줄기세포를 효율적으로 도파민 신경세포로 분화하는 원리를 제시했다.[7] 이어서 역분화 과정에서 일어나는 세포 내 대사 변화의 메커니즘을 밝혀, 임상 적용이 가능한 새로운 역분화 기술을 개발하였다.[8] 이 기술로 제작된 도파민 신경세포를 파킨슨병 동물 모델에 이식한 결과, 암세포 형성 등 부작용 없이 파킨슨 증상이 현저히 개선됨을 확인하였다.[9]

마침내 연구팀은 파킨슨병 환자에게 직접 줄기세포를 이식하는 임상 수술을 진행하였다. 수술 대상자는 내과 의사이자 파킨슨병 진단을 받은 지 7년이 된 조지 로페즈(George Lopez)로, 그는 세계 최초로 파킨슨병 줄기세포 치료를 받은 환자가 되었다. 도파민 신경세포 이식 수술은 2017년부터 2018년까지 약 6개월에 걸쳐 로페즈의 양쪽 뇌에 시행되었다. 수술 후 3년 동안 환자의 증상은 빠르게 호전되었으며, 중증 단계에 있던 파킨슨 증상이 현저히 개선되어 줄기세포를 이용한 파킨슨병 치료의 새로운 가능성을 제시하였다.[10]

최근의 줄기세포 연구와 뇌심부자극술의 발전은 파킨슨병의 근본적 치료 가능성을 높이고 있으며, 향후 뇌 질환 치료의 새로운 전환점을 마련할 것으로 기대된다.

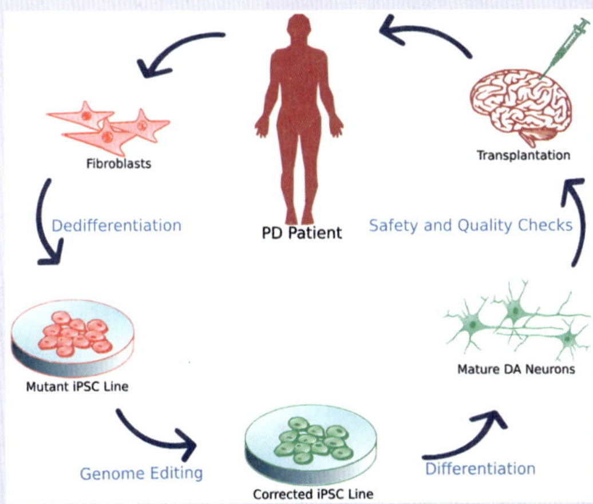

[맞춤형 줄기세포를 이용한 파킨슨병 치료법 모식도와 피부세포]

(출처: Stoddard–Bennett T, Reijo Pera R. Treatment of Parkinson's Disease through Personalized Medicine and Induced Pluripotent Stem Cells. Cells. 2019; 8(1):26.)

10장

정신질환

정신 기능에 이상이 나타나 사회생활과 일상생활에 지장을 초래하는 병적인 상태를 정신질환이라고 한다. 현대를 살아가는 사람은 누구나 정신질환을 가지고 있다는 말이 있을 만큼 정신질환은 매우 흔하다.

1. 불안장애

가장 보편적으로 발생한다고 알려져 있는 정신질환은 불안장애(anxiety disorders)이다. 이는 다양한 형태의 비정상적인 불안감과 공포감을 일으키며 일상생활에 장애를 일으키는 정신질환이다. 불안과 공포는 정상적인 정서 반응이다. 하지만 정상적인 범위를 넘어서는 불안과 공포는 정신적인 고통과 신체적인 증상을 일으킨다.

불안장애에 해당하는 질환으로는 강박장애, 공황장애, 공포증, 외상 후 스트레스 등이 있다.

1) 강박장애

불안을 만들어내는 강박사고와 불안을 줄여주는 강박행동이 짝을 이루어 나타날 때 강박장애(obsessive-compulsive disorder, OCD)라고 한다. 자신의 손이 오염되었다는 생각에 반복적으로 손을 씻는 행동, 문이 잠겼는지 수차례 확인하는 등의 행동을 보인다. 정도가 극단적이어서 이로 인하여 괴로움을 겪게 되고, 일상생활에 지장이 생겼을 때 장애로 진단하게 된다. 일반적으로 이러한 증상이 하루에 1시간 이상 지속될 때 강박장애라고 판단한다. 강박장애는 우리나라에서 100명 중 3명이 앓고 있는 질환이다.

① 강박장애의 종류

가장 흔한 형태 중 하나는 청결이나 오염에 대한 강박으로, 세균이나 더러움에 오염될 것이라는 불안감 때문에 반복적으로 손을 씻거나 청결 상태를 끊임없이 확인한다.

또한 의심이나 확인에 대한 강박을 보이는 경우에는 문을 제대로 잠갔는지, 가스레인지는 껐는지를 여러 번 점검하며 안심할 수 없어 계속해서 확인을 반복한다.

정돈에 대한 강박은 물건의 위치나 좌우대칭, 배열 상태에 과도한 집착을 보이며, 조금이라도 어긋나면 심한 불편감이나 불안을 느낀다.

이와 함께 순서에 대한 강박은 일이나 행동이 특정한 순서대로 이루어져야 한다는 강한 믿음 때문에, 순서가 바뀌면 다시 처음부터 반복하려는 경향을 보인다.

마지막으로 저장이나 수집에 대한 강박은 사소한 물건조차 버리지 못하고, 언젠가 쓸모가 있을 것이라는 생각으로 신문지나 병, 상자 등을 쌓아두는 형태로 나타난다.

이처럼 강박장애는 개인의 불안과 통제 욕구가 다양한 방식으로 표현되는 복합적인 정신질환으로, 일상생활에 큰 불편을 초래할 수 있다.

② 강박장애의 원인

강박장애의 원인을 확인하기 위하여 이미징 장치를 이용하여 확인해 보면 뇌의 깊은 부분과 피질 둘 다에서 기형을 보이며, 중추신경계의 변화가 있음을 확인할 수 있다. 특히, 강박장애 환자의 뇌 기능을 연구해 보면, 기저핵(basal ganglia)의 미상핵(caudate nucleus), 전두엽의 띠이랑(cingulate gyrus) 기능이 일반인에 비해 활성화된 것이 확인된다.

③ 강박장애의 치료

강박장애는 신경조절물질인 세로토닌(serotonin, 불안감 조절) 분비의 불균형이 주요원인으로 알려져 있다. 따라서 세로토닌을 조절하는 약물치료를 진행하면 강박증이 호전된다.

비약물치료로는, 강박장애를 유발하는 상황이나 생각에 노출 후 강박적인 사고를 참는 등의 인지행동치료(cognitive-behavioral therapy, CBT)를 진행하기도 한다.

2) 공황장애

공황장애(panic disorder)는 예고 없이 갑작스러운 극심한 불안 발작과 신체 증상이 나타나는 불안장애의 한 유형이다. 증상으로는 극심한 공포, 심장이 빨리 뜀, 현기증, 호흡곤란, 죽음에 대한 공포 등이 나타난다.

■ 공황장애 환자수 추이 (단위: 명)

■ 공황장애 진료비 추이 (단위: 억 원)

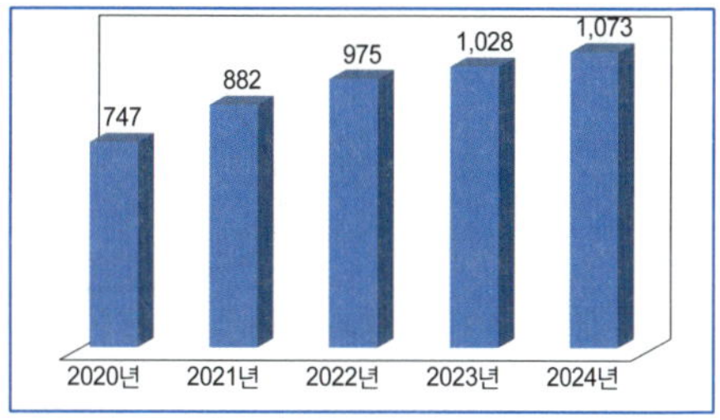

■ 2024년 성별 연령별 공황장애 환자수 분포 (단위: 명)

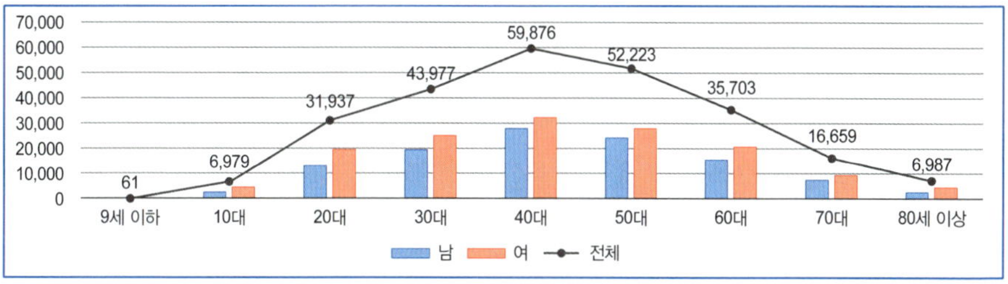

[증가하고 있는 공황장애 환자수]

(자료: 건강보험심사평가원, '2025년 생활 속 질병·진료행위 통계')

원인은 유전적 요소, 유년기의 분리 경험, 심리적 스트레스, 과로, 알코올, 카페인 섭취 등 교감신경계를 자극하는 물질도 공황장애에 부정적 영향을 줄 수 있다.

① 공황장애의 치료

공황장애의 치료를 위해서는 선택적 세로토닌 재흡수 억제제(selective serotonin reuptake inhabator, SSRI)를 포함한 항우울제를 사용한다. 상담 치료와 인지행동치료도 치료에 효과적이다.

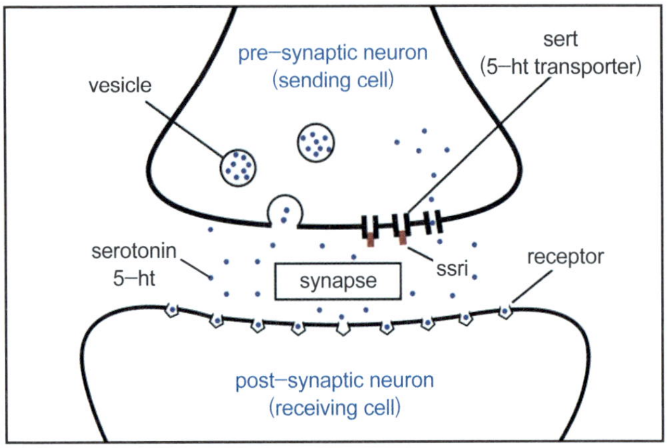

[선택적 세로토닌 재흡수 억제제의 작용 과정]

(출처: U3190069, CC BY–SA 4.0, Wikimedia Commons)

3) 공포증

영화 〈스파이더맨〉의 주인공 피터 파커의 특별한 능력은 방사능에 노출된 거미에게 물리면서 생긴다. 영화 속 이야기와 다르게 유년시절 동물이나 곤충에게 물린 아이들은 특별한 능력 대신 공포증이 생기는 경우가 많다. 특정 대상이나 상황에 대해 국한적으로 발생되는 공포를 공포증(phobias)이라고 한다.

① 공포증의 유형

공포증의 유형은 다양하다. 동물이나 곤충에 대한 공포를 가지는 동물형 공포증, 높은 장소나 물, 폭풍 등에 공포를 가지는 자연환경형 공포증, 피를 보거나 주사를 맞거나 기타 의학적인 검사를 받는 것에 대한 극심한 공포를 나타내는 혈액–주사–손상형 공포증, 비행기, 엘리베이터 등의 밀폐된 장소에서 폐쇄공포증상이 나타나는 상황형 공포증 등이 있다.

② 공포증의 치료

공포증 치료를 위해서는 불안감을 조절해주는 약물을 사용한다. 선택적 세로토닌 재흡수 억제제(SSRI), 벤조디아제핀계 약물을 사용하여 긴장, 호흡곤란 등의 신체증상과 불안감을 줄여준다.

인지행동치료는 단계적 직면치료(graded exposure) 방법이 효과적이다. 예를 들어보면 물 공포증을 가지고 있는 환자에게 얕은 물을 먼저 적응시킨 뒤, 점차적으로 깊은 물로 노출 강도를 높여 가는 치료를 진행할 수 있다.

4) 외상 후 스트레스 장애(PTSD)

외상 후 스트레스 장애(PTSD)는 DSM−5(미국정신의학회 진단기준)부터 불안장애에서 분리되어 '외상 및 스트레스 관련 장애(Trauma− and Stressor−Related Disorders)'라는 독립된 진단 범주로 분류되지만, 본 장에서는 설명의 편의를 위해 불안장애와 함께 서술한다.

대형 화재 현장에 출동해 위험을 무릅쓰는 소방관들은 종종 '현실의 슈퍼히어로'로 불린다. 그러나 실제로 화재 현장에 투입된 소방관 10명 중 6명은 이후 불안감과 외상 후 스트레스 장애(post−traumatic stress disorder, PTSD)를 호소한다. 한 해 평균 약 7.8회의 충격적인 사건에 노출되며, 매달 한 번 이상 심각한 현장을 경험하는 비율이 17%, 연간 15회 이상 경험하는 경우도 14%에 달한다. 이러한 반복적인 외상 노출은 소방공무원의 다양한 정신질환 유병률을 높이는 주요 요인으로 작용한다. 이들의 PTSD의 유병률은 6.3%로, 일반인보다 약 10배 이상 높게 보고되고 있다.

PTSD는 전쟁, 재난, 교통사고, 폭력, 성범죄 등 생명의 위협을 경험하거나 목격한 뒤 발생하는 정신적 외상 반응이다. 증상으로는 꿈이나 플래시백(flashback) 현상과 같은 고통스런 외상의 반복 경험, 정신적 충격과 연관된 상황을 피하는 회피 증상, 사소한 자극에 놀라고, 지나치게 긴장되어 있는 상태인 과각성 증상 등이 주된 특징이다. 또한, 스트레스 호르몬의 조절장애, 수면장애, 우울장애, 자살 충동, 폭력적 행동, 사회 부적응 등이 동반될 수 있다.

PTSD는 단순한 심리 반응을 넘어, 신경생리적·호르몬적 변화를 동반하는 심각한 정신질환으로 인식되고 있다.

① 외상 후 스트레스 장애와 뇌의 변화

PTSD에서 나타나는 뇌의 변화 정도는 외상의 강도와 종류에 따라 달라진다. 그중에서도 가장 큰 영향을 받는 곳은 **편도체**(amygdala)이다. 편도체는 동기, 감정, 공포를 조절하는 영역으로, 외상 후 스트레스를 겪는 환자에게서는 과잉 반응이 나타난다. 즉, 편도체가 비정상적으로 과활성화되거나 크기가 증가하여, 공포 자극에 과도하게 민감하게 반응하게 된다.

또한, **해마**(hippocampus)는 학습과 기억에 관여하는 영역으로, 감정 조절과 일부 운동 기능에도 관여한다. PTSD 환자의 해마에서는 구조적 위축과 기능 저하가 나타나며, 이로 인해 기억 장애나 감정 조절의 어려움이 발생한다.

시상하부(hypothalamus)는 항상성과 호르몬 분비를 조절하는 중추로, PTSD 환자에서는 스트레스 호르몬인 **코르티솔**(cortisol)의 분비가 증가한다. 이는 지속적인 스트레스 반응을 유발해 신체적·정신적 긴장을 유지시키는 원인이 된다.

마지막으로 **전전두엽피질**(prefrontal cortex)은 의사 결정과 정서적 조절이 이루어지는 영역으로, 이 부위의 기능 저하는 충동 조절의 어려움, 불안, 감정 통제 장애와 같은 증상을 초래한다.

결과적으로, 외상 후 스트레스 장애는 편도체의 과활성화, 해마의 위축, 시상하부의 호르몬 조절 이상, 전전두엽의 기능 저하 등 복합적인 신경생리학적 변화를 통해 뇌의 균형을 무너뜨리는 질환으로 이해된다.

② 인지행동치료

일반적으로 외상 후 스트레스는 시간이 지나면 30%는 회복된다. 40%는 가벼운 증상으로 판명되며, 나머지 30%는 전문적인 치료가 필요한 중증 상태로 나타난다. 대표적으로 시행하는 치료는 인지행동치료와 약물치료가 있다.

인지행동치료(cognitive-behavioral therapy, CBT)는 PTSD 치료 중 가장 효과적인 심리치료 방법으로 알려져 있다. 특히 외상 사건 발생 후 4주 이내에 시행할 경우 치료 효과가 높다. 그 종류는 다음과 같다.

먼저, 인지치료(cognitive therapy)는 외상 사건과 그 여파에 대한 비합리적 사고와 왜곡된 인지를 수정하여, 현실적인 시각으로 재해석하도록 돕는다. 그리고 노출치료(exposure therapy)는 환자가 회피하고 있던 외상 기억에 점진적으로 반복적으로 노출되도록 하여 공포 반응을 약화시키고, 감정적 긴장을 완화시킨다.

안구운동 민감소실 및 재처리요법(eye movement desensitization and reprocessing, EMDR)은 환자가 고통스러운 기억을 떠올리는 동안 안구 운동과 같은 양측성 자극을 주어 뇌의 정보처리 시스템을 활성화하고, 기억을 재처리(reprocessing)하여 외상 기억의 부정적 정서를 완화시킨다.

③ 약물치료

약물치료는 신경전달물질의 불균형을 조절하여 불안과 우울 증상을 완화시킨다. 대표적으로 선택적 세로토닌 재흡수 억제제(SSRI) 계열의 항우울제가 사용되며, 필요에 따라 항경련제(carbamazepine, valproic acid) 등이 병용될 수 있다.

④ 기타 치료법

그 외에도 최면치료, 집단치료, 신경차단 치료요법 등이 시행될 수 있으며, 환자의 상태와 외상 경험의 특성에 따라 복합적 접근이 이루어진다.

2. 우울장애

최근 5년간(2020~2024년) 우울증 환자의 수를 확인해 보면 환자의 수가 매우 급격하게 증가했다. 특히 20대 연령층에서는 수치가 204,709명으로 급격하게 증가하며 큰 이슈가 되고 있다.

우울장애는 의욕 저하와 지속적인 우울감을 주요 증상으로 하여 다양한 인지 및 정신 신체적 증상을 일으켜 일상 기능의 저하를 가져오는 질환이다.

■ 우울증 환자수 추이 (단위: 명)

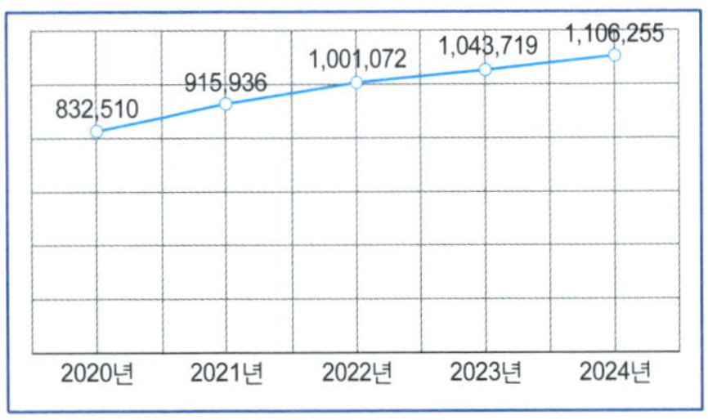

■ 우울증 진료비 추이 (단위: 억 원)

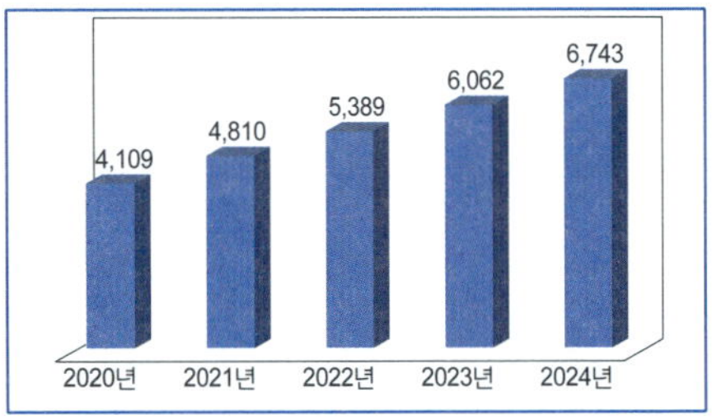

■ 2024년 성별 연령별 우울증 환자수 분포 (단위: 명)

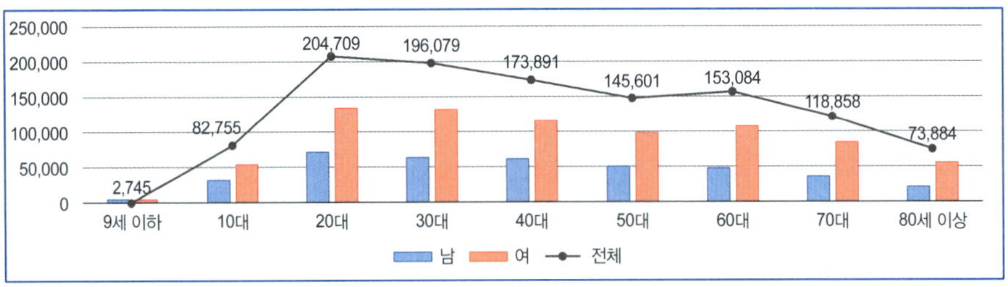

[우울증 환자 추이]

(자료: 건강보험심사평가원, '2025년 생활 속 질병·진료행위 통계')

대표적인 증상으로는 우울감, 절망감, 흥미나 즐거움의 상실, 식욕 및 체중의 변화, 수면장애(과다수면 또는 불면), 피로감, 집중력 저하, 무가치감, 죄책감, 자살 충동 등이 있으며, 이러한 증상이 2주 이상 지속되어 사회적·직업적 기능에 지장을 주는 경우 우울장애로 진단된다.

1) 우울장애를 유발하는 원인

우울장애의 원인은 생물학적, 유전적, 환경적 요인이 복합적으로 작용한다. 생화학적 요인으로는 뇌 속의 신경전달물질(세로토닌, 도파민, 노르에피네프린)과 호르몬 불균형이 감정 조절 기능에 영향을 주어 우울증 발병에 관여한다.

유전적 요인도 중요하다. 우울증 가족력이 있는 사람은 발병 위험이 높다. 환경적 요인으로는 사랑하는 사람의 상실, 경제적 문제, 스트레스 등 대처하기 어려운 상황이 주요한 발병 요인으로 작용한다.

2) 우울장애의 치료

우울장애의 치료는 약물치료와 인지행동치료의 병행이 가장 효과적이다.

① 약물치료

약물치료는 뇌 내 신경전달물질의 균형을 회복시키는 것을 목표로 하며, 주로 선택적 세로토닌 재흡수 억제제(SSRI), 세로토닌·노르아드레날린 재흡수 억제제(serotonin noradrenaline reuptake inhibitor, SNRI), 노르아드레날린·도파민 재흡수 억제제(norepinephrine–dopamine reuptake inhibitor, NDRI) 등이 사용된다.

항우울제를 통해 세로토닌, 노르에피네프린, 도파민의 수치를 증가시켜 감정 조절을 돕는다. 또한 스트레스 호르몬인 코르티솔의 분비를 억제하는 약물을 사용하기도 한다. 증상이 호전된 후에도 재발 방지를 위해 최소 6개월 이상의 약물 유지요법이 필요하며, 두 번째 재발 시 2년, 세 번째 재발 시에는 수년간의 장기 복용이 권장된다.

② 인지행동치료와 전기경련치료

인지행동치료는 부정적 사고 패턴을 인식하고 수정함으로써 우울 증상을 완화하는 데 도움을 준다.

약물이나 인지치료에 반응이 없을 경우 전기경련치료(electroconvulsive therapy, ECT)가 시행되기도 한다. 이는 비약물적 치료법 중 가장 오랜 역사를 가진 방법으로, 전신마취 상태에서 뇌에 전기 자극을 가해 약 1분간 인위적인 경련을 유도한다. 이 과정에서 뇌 혈류량이 증가하고 신경전달물질 활성도가 변화하여 증상이 호전된다. 주로 약물치료에 반응이 느리거나 효과가 없는 환자에게 적용된다.

3) 우울장애의 예방과 회복

우울장애의 예방과 회복을 위해서는 올바른 생활습관이 중요하다. 영국 맨체스터 대학교의 정신과 명예교수이자 본인 또한 우울장애를 겪었던 린다 개스크(Linda Gask) 교수는 다음과 같은 실천 방안을 제시한다.

첫째, 건강한 수면 습관을 유지하여 충분한 수면의 질과 양을 확보한다.

둘째, 신체 활동을 꾸준히 하는 것이 중요하다. 걷기, 조깅, 수영 등 즐길 수 있는 운동을 가족이나 친구와 함께하면 지속성이 높다.

셋째, 일과 성취 사이의 균형을 통한 스트레스 조절이다. 맹목적으로 돈을 많이 버는 직업을 찾던 사람들이 이제는 워라밸(work and life balance)을 갖추기를 원한다. 이러한 균형을 통한 스트레스 조절은 우울장애를 예방하는 데 매우 중요하다.

넷째는 술과 약물의 절제이다. 스트레스를 많이 받을 때 술과 약물로 시간을 보내는 사람들이 많다. 하지만 이러한 물리적인 자극은 우리 몸에 치명적인 영향을 미치며, 우울 증상을 악화시킬 수 있다.

다섯째는 우울하게 만드는 사람 멀리하기다. 함께 있을 때 우울감을 주는 상대와 오랜 시간을 지내면 함께 우울감을 느끼게 된다. 긍정적이고 밝은 사고를 가진 상대와 많은 시간을 보내면 우울감을 덜 느끼게 된다.

마지막으로, 신뢰할 수 있는 사람과의 관계를 유지하는 것이다. 스트레스 상황에서 있는 그대로의 모습으로 함께 할 수 있는 사람이 곁에 있다면 어려운 상황을 훨씬 더 쉽게 극복할 수 있다.

3. 양극성 정동장애

양극성 정동장애(bipolar disease)는 기분장애의 일종으로, 보통 '조울증', '양극성 장애'라고 줄여서 부른다. 이 질환을 가진 사람들은 대개 깊은 우울증과 조증이 반복적으로 나타난다.

조증의 대표적인 증상은 에너지 증가이다. 조절이 어려울 정도로 목소리가 크고 빨라지며 몇 시간 동안 계속해서 말을 한다. 수면에 대한 욕구가 감소하여 평소보다 적은 시간만 자고도 피곤함을 느끼지 못한다. 목표 지향적 활동에 대한 관심 증가, 판단력 저하가 나타난다. 과도하게 낙관적이거나 충동적으로 변하고, 무책임한 행동을 한다. 심한 경우, 환각이나 망상에 사로잡힌다.

우울증의 증상으로는 우울한 기분, 불안함과 초조함, 무기력감, 절망감이 나타난다. 이유 없이 슬픔에 잠기거나 죄책감이나 자책감에 빠지게 되고 자꾸 죽음 혹은 자살에 대해 생각한다.

■ 조울증 환자수 추이 (단위: 명)

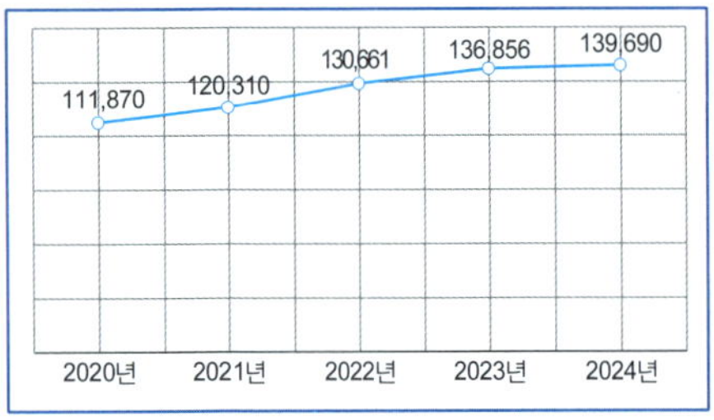

■ 조울증 진료비 추이 (단위: 억 원)

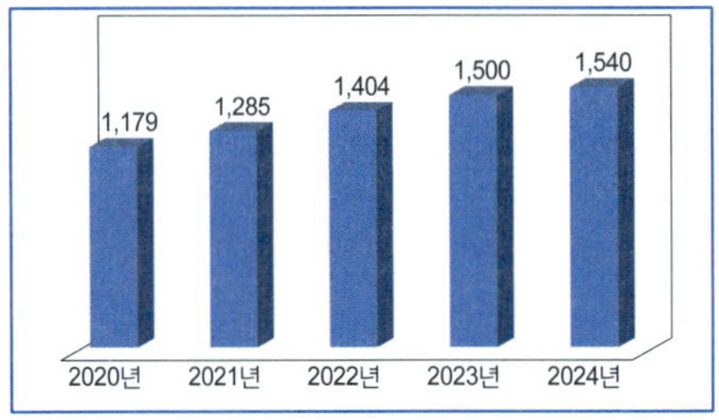

■ 2024년 성별 연령별 조울증 환자수 분포 (단위: 명)

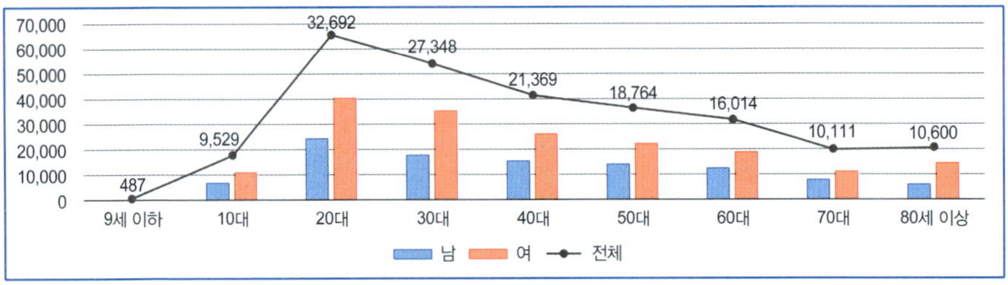

[양극성 정동장애 환자 변화]

(자료: 건강보험심사평가원, '2025년 생활 속 질병·진료행위 통계')

최근 5년간 건강보험 진료비 지급 자료를 분석한 결과 양극성 정동장애로 인한 건강보험 진료환자는 2020년 111,870명에서 2024년 139,690명으로 증가했다.

1) 양극성 정동장애의 발병 원인

양극성 정동장애는 생물학적 요인, 유전적 요인, 심리사회적 요인이 복합적으로 작용하여 발생한다.

유전적 요인은 가족력이 있는 경우 발병 위험이 현저히 증가하며, 일란성 쌍둥이의 경우 약 80%에서 공통적으로 발병하는 것으로 보고된다. 그러나 일부는 발병하지 않으며, 이는 환경적 요인도 중요함을 시사한다.

생물학적 요인으로는 도파민, 세로토닌, 노르에피네프린 등 신경전달물질의 불균형과 호르몬 조절 이상이 원인으로 제시된다.

심리사회적 요인은 스트레스, 수면 부족, 불규칙한 생활 습관 등이 발병이나 재발을 촉진할 수 있다.

2) 양극성 정동장애의 치료

양극성 정동장애의 치료는 주로 약물치료를 중심으로 이루어지며, 증상의 정도와 상태에 따라 생활습관 교정 및 정신사회적 치료가 함께 병행된다.[1]

조증 치료에는 기분조절제로 알려진 리튬(lithium), 카바마제핀(carbamazepine), 발프로에이트(valproate) 등이 주로 사용된다. 특히 리튬은 신경전달물질의 일종인 단백질 인산화효소 C(protein kinase C, PKC)의 활성을 억제하여 기분을 안정시키는 효과가 있다. 그러나 리튬은 치료 농도와 독성 농도의 차이가 매우 좁아, 과량 복용 시 중독 증상이 나타나거나 심한 경우 생명을 위협할 수 있다. 따라서 반드시 의사의 관리하에 정확한 용량을 주기적으로 투여해야 한다. 최근에는 올란자핀(olanzapine), 리스페리돈(risperidone)과 같은 비정형 항정신병 약물(atypical antipsychotics)이 조증 치료에 널리 사용되고 있으며, 우울기에는 항우울제(antidepressant)가 병용되기도 한다.

그러나 약물치료만으로는 재발률이 90% 이상으로 매우 높기 때문에, 지속적이고 장기적인 약물 복용이 필수적이다. 환자는 증상이 호전되더라도 임의로 약을 중단하지 말고, 평생 의학적 관리와 정기적 진료를 유지해야 한다.

약물치료 외에도 규칙적인 생활습관이 증상 조절에 큰 도움이 된다. 일정한 수면 패턴을 유지하고, 규칙적인 식사와 적절한 운동을 병행하면 기분 변동을 완화할 수 있다. 특히 음주나 불법 약물 사용은 기분을 불안정하게 만들어 증상을 악화시킬 수 있으므로 반드시 피해야 한다. 이러한 비약물적 치료와 약물치료를 병행해야 양극성 정동장애의 재발을 줄이고 안정된 일상생활을 유지하는 데 도움이 될 수 있다.

4. 투렛증후군

투렛증후군(tourette syndrome)은 특별한 이유 없이 신체 일부를 빠르게 움직이거나 이상한 소리를 내는 틱 증상이 1년 이상 지속되는 신경발달장애이다. 자신도 모르게 얼굴을 찡그리거나, 목을 움직이거나, 어깨를 들썩이는 등의 행동을 반복적으로 하며, 때로는 기침이나 콧소리, 가래뱉는 소리 등의 음성틱이 함께 나타난다. 이러한 운동틱(motor tics)과 음성틱(phonic tics)이 모두 관찰될 때 투렛증후군으로 진단한다.

이 질환은 인구 1,000명당 약 3명 정도에서 발생하는 비교적 드문 질환으로, 전체 아동의 10~20%가 일시적으로 틱 증상을 보이며, 그중 1% 이하에서 1년 이상 지속되는 만성 증상이 나타난다. 보통 8세 전후에 발병하며, 6~17세 사이에 증상이 뚜렷해진다. 남아에서 여아보다 3~4배 높은 발병률을 보인다. 대부분의 경우 평생 지속되지만, 나이가 들면서 증상이 감소하거나 경감되기도 한다. 또한 투렛증후군을 가진 환자 중 상당수가 학습장애, 주의력 결핍 과잉행동 장애(ADHD), 강박장애(OCD) 등의 정신적 문제를 함께 가진다.

1) 투렛증후군의 증상

투렛증후군의 증상은 매우 다양하다. 단순 운동틱으로는 얼굴을 찡그리거나, 고개를 흔들거나, 어깨를 들썩이는 등의 행동이 나타나며, 심한 경우 복합 운동틱으로 발전해 자신을 때리거나, 남을 건드리거나, 부적절한 몸짓을 하는 등의 행동을 보일 수 있다. 단순 음성틱은 기침, 코골기, 쉿소리 내기 등이 있으며, 복합 음성틱은 욕설이나 사회적으로 부적절한 단어를 말하거나, 남의 말을 따라하는 행동이 나타나기도 한다.

2) 투렛증후군의 원인

투렛증후군의 원인은 유전적 요인과 환경적 요인, 그리고 뇌의 기능적 이상이 복합적으로 작용하는 것으로 알려져 있다. 유전적으로 직계 가족 중 틱 증상이 있는 경우 발병 확률이 약 25%에 이르며, 일란성 쌍둥이의 경우 약 90%에서 함께 발병한다. 이는 상염색체 우성 유전 양상을 보인다.

또한 출산 과정에서의 저산소증, 미숙아, 태반 이상, 임신중독증, 심한 임신 스트레스 등이 환경적 요인으로 작용할 수 있다. 심리사회적으로는 학령기 아동이 겪는 학업 스트레스나 불안이 증상을 악화시킬 수 있다.

뇌의 구조, 기능적 원인으로는 대뇌의 중뇌변연계 회로와 기저핵(basal ganglia)의 기능 이상이 관련된 것으로 알려져 있다. 특히 도파민과 같은 신경전달물질의 과활성이 틱 증상을 유발하는 주요 요인으로 추정된다.

3) 투렛증후군의 치료

투렛증후군의 치료는 주로 약물치료와 행동치료를 병행하며, 수술적 치료가 시도되기도 한다. 약물치료로는 도파민 수용체를 차단하는 정형 항정신병 약물인 할로페리돌(haloperidol), 플루페나진(fluphenazine), 피모짓(pimozide)이 사용된다. 이러한 약물은 약 60~80%의 환자에게서 틱의 빈도와 강도를 감소시키는 효과가 있다. 최근에는 부작용이 비교적 적은 비정형 항정신병 약물, 예를 들어 리스페리돈(risperidone), 지프라시돈(ziprasidone) 등이 활용되고 있다.

행동치료에서는 습관 역전 훈련(habit reversal training), 인식 훈련(awareness training), 이완 요법(relaxation therapy) 등이 대표적이다. 예를 들어, 음성틱이 발생할 것 같은 충동이 느껴질 때 호흡을 조절하거나 근육 긴장을 완화하는 방법을 훈련하면 틱을 억제하는 데 도움이 된다. 또한 긍정적인 행동을 강화하고, 일관된 환경을 유지하여 아동이 안정감을 느끼도록 하는 것도 중요하다.

일부 환자에게는 면역학적 치료나 심부 뇌 자극술(deep brain stimulation, DBS)이 시도된다. 면역학적 치료는 연쇄상구균 감염과 관련된 틱장애에서 항생제 투여, 면역글로불린 정맥주사, 혈장교환술 등을 통해 증상을 완화시키는 방법이다. 심부 뇌 자극술은 약물 및 행동치료에 반응하지 않는 중증 투렛증후군 환자에게 시행되며, 창백핵이나 시상 부위에 전극을 삽입하여 전기적 자극을 가하는 치료법으로 연구가 진행되고 있다.

무엇보다 투렛증후군 환자에게는 가정과 학교에서의 심리적 지지가 중요하다. 주변에서 틱 증상을 의도적인 행동으로 오해하지 않고 이해해 주며, 스트레스를 줄이고 긍정적인 환경을 조성할 때, 치료 효과가 더욱 향상된다.

5. 조현병

조현병(schizophrenia)은 과거 정신분열증이라 불리던 질환으로, 1908년 스위스의 정신과 의사 오이겐 블로일러(Eugen Bleuler)가 처음 명명했다. 우리나라에서는 2011년, 병명에 대한 사회적 편견을 완화하고자 '정신분열증' 대신 '조현병'이라는 이름으로 변경되었다. 조현(調絃)은 현악기의 줄을 조율한다는 뜻으

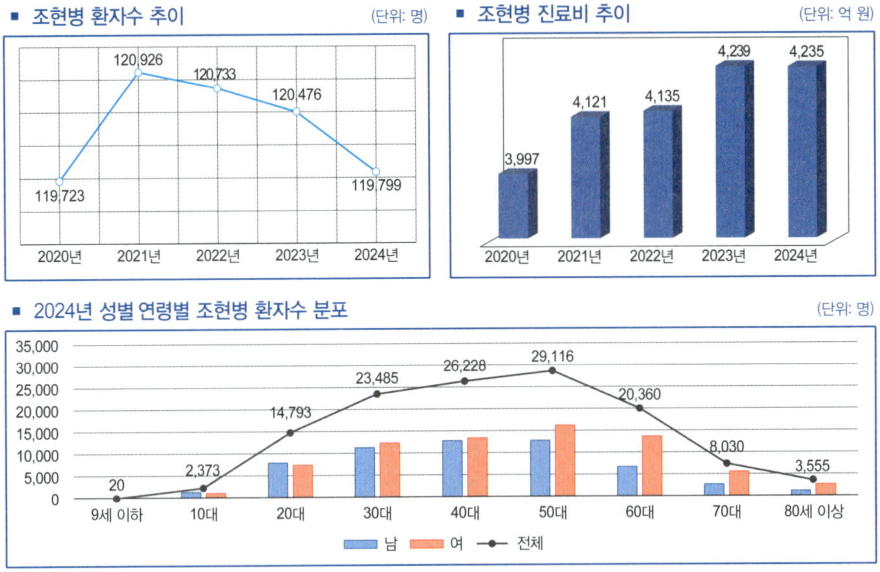

[조현병 환자 추이]
(자료: 건강보험심사평가원, '2025년 생활 속 질병·진료행위 통계')

로, 이는 인간의 사고·감정·행동을 조화롭게 유지하는 '정신의 조율'이 깨진 상태를 의미한다. 현재 우리나라에는 약 12만 명의 조현병 환자가 있으며, 주로 20대 이후에서 발병하지만 60대 이후에도 나타날 수 있다.

1) 조현병의 발병 단계

조현병은 일반적으로 전구기(초기), 급성기(활성기), 잔류기(만성기)의 세 단계로 진행된다.

전구기에는 사고와 감정의 미세한 변화가 시작된다. 환자는 소리에 과도하게 민감해지고, 일상적인 자극을 자신을 공격하거나 해치려는 의도로 오해하는 등 '마술적 사고'를 보이기도 한다.

급성기에는 환각(hallucination)과 망상(delusion) 같은 본격적인 정신병적 증상이 나타난다.

잔류기는 증상이 가라앉은 뒤에도 감정 둔마, 사회적 위축, 의욕 저하와 같은 기능 저하가 지속되는 시기이다.

[조현병의 시기별 증상]

전구기	급성기	잔류기
대인관계 기피 착시, 착각 의심 우울/불안 긴장/분노 불면, 식욕저하 집중력, 기억력 저하	공격적인 언행 환각 망상 자기만의 생각 몰두 이상한 말과 행동	감정표현 저하 무관심 의욕 저하 대인관계 없는 고립생활

2) 조현병의 주요 증상

조현병의 증상은 양성증상과 음성증상으로 구분된다.

① 양성증상

양성증상(positive symptom)은 정상 기능이 과도하게 활성화된 상태로, 대표적으로 환각(hallucination)과 망상(delusion)이 있다.

환각이란 감각 이상으로, 외부자극이 없는데도 마치 있는 것처럼 지각하는 것이다. 감각의 종류에 따라 목소리가 들리거나(환청), 존재하지 않는 것이 보인다(환시). 그 밖에 환촉, 환미, 환후도 나타난다. 가장 흔한 것은 환청이다.

망상은 객관적으로 사실이 아닌 것을 진실로 믿는 비합리적 확신이다. 피해망상, 관계망상, 과대망상, 종교망상 등이 나타난다. 이러한 증상을 신내림이나 신비적 체험으로 오해하는 경우도 있다.

② 음성증상

음성증상(negative symptoms)이란 정상적으로 있어야 할 정신기능이 감소(diminished function) 혹은 소실된 것을 의미한다.

환자는 언어 표현이 줄고, 말의 논리성이 떨어지며, 감정 표현이 둔해진다. 또한 무의욕, 무쾌감, 사회적 위축이 나타나 일상생활 유지가 어려워진다. 위생 관리가 부족해지고 부적절한 행동을 보이기도 한다.

[조현병의 양성증상과 음성증상]

	의미	예시
양성증상	정상적인 정신 기능이 과도하게 활성화된 상태	환각 망상
음성증상	정상적인 정신기능이 감소 혹은 소실	말수가 적어짐 논리 부족 감정표현 부족 사회적 위축

3) 조현병의 원인

① 신경전달물질 변화

도파민 과다, 세로토닌 수용체의 감소, 노르에피네프린 결핍, GABA 기능 감퇴를 포함한 여러 신경전달물질의 불균형이 주요 원인으로 영향을 미친다. 중뇌변연계(mesolimbic) 신경경로의 도파민 활성 과잉이 양성증상을 야기하고, 중뇌피질(mesocortical) 신경경로의 도파민 활성 저하가 음성증상을 야기한다.

또한 세로토닌과 글루타메이트의 활성도 중요한 영향을 미친다.

② 뇌의 구조적·기능적 이상

조현병 환자에게는 측두엽 기능 이상, 전전두엽 기능 저하, 뇌실 확장이 자주 관찰된다. 이는 태아기나 성장 과정에서의 신경발달 이상으로 설명된다.

③ 유전적 요인

조현병은 다인성(polygenic) 질환으로, 여러 유전자가 발병 위험에 관여한다. 가족력이 있을 경우 발병 확률이 증가하며, 일란성 쌍둥이의 경우 40~50%, 이란성 쌍둥이는 약 10% 정도로 보고된다. 예를 들어, 노벨상 수상 수학자 존 내쉬(John Nash)와 그의 아들은 모두 조현병을 앓았다.

4) 조현병 치료제

① 1세대 치료제

조현병 치료에는 정형 항정신병 약물(typical antipsychotics)이 가장 먼저 사용되었다. 클로로프로마진(chlorpromazine)은 1950년대 우연히 발견된 것으로, 정신분열 증상을 완화시키는 것으로 알려졌다. 이 외에도 도파민 수용체 차단제인 할로페리돌(haloperidol)이 있다.

그러나 이러한 약물은 여러 부작용을 동반할 수 있다. 흑질선조체 경로의 도파민 수용체에 작용할 경우 떨림이나 근육 강직과 같은 추체외로 증상이 나타날 수 있으며, 뇌하수체에 작용하면 프로락틴 분비가 증가하여 무월경으로 이어지기도 한다. 또한 중뇌피질에서 도파민 활성의 저하를 유발함으로써 음성 증상이 악화되거나 인지 기능 장애가 나타날 수 있다.

② 2세대 치료제

비정형 항정신병 약물(atypical antipsychotics)이 조현병의 양성증상을 치료하는 데 더욱 효과적임이 차차 알려졌다. 음성증상, 인지 기능 개선에 도움이 되며, 추체외로 증상 등의 부작용이 감소하였다. 사용되는 약물로는 올란자핀(olanzapine), 쿠에티아핀(quetiapine), 리스페리돈(risperidone), 피즈라시돈(ziprasidone), 아리피프라졸(aripiprazole) 등이 있다.

조현병은 사고와 감정, 현실 인식의 균형이 깨지는 복합적인 뇌질환이지만, 현대 의학의 발전으로 충분히 치료와 관리가 가능한 질환이다. 조기 진단과 꾸준한 치료, 그리고 사회적 이해와 지지가 더해진다면, 환자들도 자신의 삶을 회복하고 사회 속에서 건강하게 살아갈 수 있을 것이다.

영화로 보는 뇌 이야기

조현병을 극복한 존 내쉬(John Nash, 1928~ 2015)

조현병은 한 번 발병하면 회복이 어렵다고 알려져 있지만, 이를 극복한 인물이 있다. 바로 1994년에 노벨 경제학상을 받은 프린스턴대학교 수학교수 존 내쉬(John Nash)이다. 영화 〈뷰티풀 마인드(A Beautiful Mind, 2001)〉는 존 내쉬의 실화를 바탕으로 하여 그의 혁신적인 업적 및 조현병과의 고통스러운 싸움을 담았다.
그는 22세의 젊은 나이에 프린스턴대학교에서 박사학위를 받으며 '내쉬 균형(Nash Equilibrium)'을 발표했다. 내쉬 균형은 게임이나 협상, 경쟁 상황에서 각 참여자가 자신의 이익을 극대화하기 위해 선택을 바꾸지 않는 안정된 상태를 의미하며, 이후 경제학, 수학, 심리학, 생물학 등 다양한 분야에 큰 영향을 미쳤다.
매사추세츠공과대학교(MIT) 전임강사로 재직하던 그는 물리학도 앨리샤를 만나 1957년 결혼했다. 그러나 결혼 2년 후부터 망상 증상이 나타나기 시작했고, 결국 조현병 진단을 받게 된다. 내쉬는 자신이 공산주의 간첩들에게 감시당하고 있다고 믿는 등 심각한 망상에 시달렸다. 이후 그는 교수직을 내려놓고 약 30년에 가까운 투병 생활을 이어갔다.

그럼에도 불구하고 내쉬는 점차 증상을 통제하며 일상으로 복귀하기 시작했고, 1990년대에는 완전하지는 않지만 안정된 상태로 학문 활동을 재개했다. 이후 그는 다시 프린스턴대학교에서 연구를 이어가며 수학과 경제학 분야에 기여했다.
그의 내쉬 균형 이론은 세계 무역 협상, 국가 간 관계, 심지어 생물 진화 연구에도 영향을 미치며, 애덤 스미스의 '보이지 않는 손' 이론과 대립되는 개념으로 널리 알려졌다. 이러한 업적으로 그는 1994년 노벨 경제학상을 수상하며 학문적 영예를 되찾았다. 그러나 2015년 5월, 아벨상을 수상한 뒤 아내 앨리샤와 함께 귀가하던 중 교통사고를 당해 두 사람은 함께 생을 마감했다.
존 내쉬의 삶은 조현병이라는 정신 질환을 극복하고 학문적 업적을 이룬 인간 승리의 상징으로 남아 있다.

[존 내쉬 박사와 그의 삶을 그린 영화 〈뷰티풀마인드(2001)〉]
(출처: Elke Wetzig (Elya), CC BY-SA 3.0, Wikimedia Commons(좌) / Imagine Entertainment(우))

참고한 책과 글

1장 뇌연구의 역사

1 Van Horn, JD, et al. (2012). Mapping Connectivity Damage in the Case of Phineas Gage. PLoS ONE, 7 (5): e37454.

2 이상건. (2023). 뇌 연구의 역사 7: 뇌 기능의 국소화, 브로카 이후. Epilia, eISSN 2672-0450.

3 Ypsyork. www.ypsyork.org

4 Edumed. www.edumed.org.brwww.mcgill.ca

2장 뇌와 신경계

1 Pereda, A. E. (2014). Electrical synapses and their functional interactions with chemical synapses. Nature Reviews Neuroscience, 15(4), 250 - 263.

* Neil A. Cambell 외. (2022). 캠벨생명과학, 바이오사이언스

3장 신경계통의 발달

1 Spemann, H. (1938). Embryonic development and induction. Yale University Press.

2 Spemann, H., & Mangold, H. (1924/2001). Induction of embryonic primordia by implantation of organizers from a different species. International Journal of Developmental Biology, 45, 13 - 38.

3 Linney, E., & La Mantia, A. S. (1994). Retinoid signaling in mouse embryos. Advances in Developmental Biology, 3(C), 73 - 114.

4 Bear, M. F., et al. (2015). Neuroscience. [Wolters Kluwer].

* Neil A. Cambell 외. (2022). 캠벨생명과학 , 바이오사이언스

4장 감각과 인지

1 Niimura, Y., Matsui, A., & Touhara, K. (2014). Extreme expansion of the olfactory receptor gene repertoire in African elephants and evolutionary dynamics of orthologous gene groups in 13 placental mammals. Genome Research, 24(9), 1485 – 1496.

* Neil A. Cambell 외. (2022). 캠벨생명과학, 바이오사이언스

* Marie T. Banich. (2014). 인지신경과학, 박학사

* Mark F. Bear 외. (2018). 신경과학(Neuroscience: 뇌의 탐구), 바이오메디북

5장 학습과 기억, 그리고 언어

1 Diamond, M. C., Scheibel, A. B., Murphy, G. M., Jr., & Harvey, T. (1985). On the brain of a scientist: Albert Einstein. Experimental Neurology, 88(1), 198 – 204.

2 Kandel, E. R. (2001). The molecular biology of memory storage: A dialogue between genes and synapses. Science, 294(5544), 1030 – 1038.

3 Scoville, W. B., & Milner, B. (1957). Loss of recent memory after bilateral hippocampal lesions. Journal of Neurology, Neurosurgery & Psychiatry, 20, 11 – 21.

4 Milner, B. (1962). Memory impairment accompanying bilateral hippocampal lesions. In P. Passouant (Ed.), Psychologie de l'hippocampe. Centre National de la Recherche Scientifique. pp. 257 – 272.

5 Squire, L. R. (2009). The legacy of Patient H.M. for neuroscience. Neuron, 61(1), 6 – 9.

6 Corkin, S. (2019). 영원한 현재 HM. [알마].

7 이상건. (2023). 뇌 연구의 역사 7: 뇌 기능의 국소화, 브로카 이후. Epilia, eISSN 2672-0450.

6장 수면

1 Ding, X., Hwang, F.-J., Silverman, D., Zhong, P., Li, B., Ma, C., Lu, L., Jiang, G., Zhang, Z., Huang, X., Tu, X., Tian, Z. M., Ding, J., & Dan, Y. (2025). Neuroendocrine circuit for sleep-dependent growth hormone release. Cell, 188(18), 4968 – 4979.

7장 유아기뇌질환장애

1 King, M. D., & Bearman, P. S. (2011). Socioeconomic status and the increased prevalence of autism in California. American Sociological Review, 76(2), 320 – 346.

2 Choi, U. S., Kim, S. Y., Sim, H. J., Lee, S. Y., Park, S. Y., Jeong, J. S., Seol, K. I., Yoon, H. W., Jhung, K., Park, J. I., & Cheon, K. A. (2015). Abnormal brain activity in social reward learning in children with autism spectrum disorder: An fMRI study. Yonsei Medical Journal, 56(3), 705 - 711.

3 Cheon, K. A., Kim, Y. S., Oh, S. H., Park, S. Y., Yoon, H. W., Herrington, J., Nair, A., Koh, Y. J., Jang, D. P., Kim, Y. B., Leventhal, B. L., Cho, Z. H., Castellanos, F. X., & Schultz, R. T. (2011). Involvement of the anterior thalamic radiation in boys with high-functioning autism spectrum disorders: A diffusion tensor imaging study. Brain Research, 1417, 77 - 86.

* 홍순정 외.(2011). 정신건강, 한국방송통신대학교출판원

8장 중독

1 Werber, B. (2002). 뇌. [열린책들].

2 Park, H. S., Kim, S. H., Bang, S. A., Yoon, E. J., Cho, S. S., & Kim, S. E. (2010). Altered regional cerebral glucose metabolism in internet game overusers: A 18F-fluoro -deoxyglucose positron emission tomography study. CNS Spectrums, 15(3), 159 - 166.

3 Duval, C., Wyse, B. A., Weizman, N. F., Kuznyetsova, I., Madjunkova, S., & Librach, C. L. (2025). Cannabis impacts female fertility as evidenced by an in vitro investigation and a case-control study. Nature Communications, 16(1), 8185.

4 Di Forti, M., Quattrone, D., Freeman, T. P., Tripoli, G., Gayer-Anderson, C., Quigley, H., Rodriguez, V., Jongsma, H. E., Ferraro, L., La Cascia, C., La Barbera, D., Tarricone, I., Berardi, D., Szöke, A., Arango, C., Tortelli, A., Velthorst, E., Bernardo, M., Del-Ben, C. M., Murray, R. M. (2019). The contribution of cannabis use to variation in the incidence of psychotic disorder across Europe (EU-GEI): A multicentre case-control study. The Lancet Psychiatry, 6(5), 427 - 436.

5 Morin, J.-F. G., Afzali, M. H., Bourque, J., Stewart, S. H., Séguin, J. R., O'Leary-Barrett, M., & Conrod, P. J. (2018). A population-based analysis of the relationship between substance use and adolescent cognitive development. American Journal of Psychiatry. Advance online publication.

6 Bloom, A. S., Tershner, S., Fuller, S. A., & Stein, E. A. (1996). Cannabinoid-induced alterations in regional cerebral blood flow in the rat. Pharmacology Biochemistry and Behavior, 57(4), 625 - 631.

7 Montag C, Weber B, Trautner P, Newport B, Markett S, Walter NT, Felten A, Reuter M.

Does excessive play of violent first-person-shooter-video-games dampen brain activity in response to emotional stimuli? Biol Psychol. (2012) 89(1), 107-111.

8 Park HS, Kim SH, Bang SA, Yoon EJ, Cho SS, Kim SE. Altered regional cerebral glucose metabolism in internet game overusers: a 18F-fluorodeoxyglucose positron emission tomography study. CNS Spectr. (2010) 15(3):159-66.

9 S Kühn, A Romanowski, C Schilling, R Lorenz, C Mörsen, N Seiferth, T Banaschewski, A Barbot, G J Barker, C Büchel, P J Conrod, J W Dalley, H Flor, H Garavan, B Ittermann, K Mann, J-L Martinot, T Paus, M Rietschel, M N Smolka, A Ströhle, B Walaszek, G Schumann, A Heinz, J Gallinat. The neural basis of video gaming. Transl Psychiatry. (2011) e53.

9장 퇴행성 뇌질환

1 van Steensel, B., & de Lange, T. (1997). Control of telomere length by the human telomeric protein TRF1. Nature, 385(6618), 740 - 743.

2 Greider, C. W., & Blackburn, E. H. (1985). Identification of a specific telomere terminal transferase activity in Tetrahymena extracts. Cell, 43, 405 - 413.

3 Greider, C. W., & Blackburn, E. H. (1989). A telomeric sequence in the RNA of Tetrahymena telomerase required for telomere repeat synthesis. Nature, 337, 331 - 337.

4 Jaskelioff, M., Muller, F. L., Paik, J.-H., Thomas, E., Jiang, S., Adams, A. C., Sahin, E., Kost-Alimova, M., Protopopov, A., Cadiñanos, J., Horner, J. W., Maratos-Flier, E., & DePinho, R. A. (2011). Telomerase reactivation reverses tissue degeneration in aged telomerase-deficient mice. Nature, 469, 102 - 106.

5 Van Dyck, C. H., Swanson, C. J., Aisen, P., Bateman, R. J., Chen, C., Gee, M., Kanekiyo, M., Li, D., Reyderman, L., Cohen, S., Froelich, L., Katayama, S., Sabbagh, M., Vellas, B., Watson, D., Dhadda, S., Irizarry, M., Kramer, L. D., & Iwatsubo, T. (2023). Lecanemab in early Alzheimer's disease. New England Journal of Medicine, 388(1), 9 - 21.

6 Aron, L., Ngian, Z. K., Qiu, C., Choi, J., Liang, M., Drake, D. M., Hamplova, S. E., Lacey, E. K., Roche, P., Yuan, M., Hazaveh, S. S., Lee, E. A., Bennett, D. A., & Yankner, B. A. (2025). Lithium deficiency and the onset of Alzheimer's disease. Nature, 645, 712 - 721.

7 Chung, S., Leung, A., Han, B.-S., Chang, M.-Y., Moon, J.-I., Kim, C.-H., Hong, S., Pruszak, J., Isacson, O., & Kim, K.-S. (2009). Wnt1-lmx1a forms a novel autoregulatory

loop and controls midbrain dopaminergic differentiation synergistically with the SHH–FoxA2 pathway. Cell Stem Cell, 5(6), 646–658.

8 Cha, Y., Han, M.–J., Cha, H.–J., Zoldan, J., Burkart, A., Jung, J. H., Jang, Y., Kim, C.–H., Jeong, H.–C., Kim, B.–G., Langer, R., Kahn, C. R., Guarente, L., & Kim, K.–S. (2017). Metabolic control of primed human pluripotent stem cell fate and function by the miR–200c–SIRT2 axis. Nature Cell Biology, 19(5), 445–456.

9 Song, B., Cha, Y., Ko, S., Jeon, J., Lee, N., Seo, H., Park, K.–J., Lee, I.–H., Lopes, C., Feitosa, M., Luna, M. J., Jung, J. H., Kim, J., Hwang, D., Cohen, B. M., Teicher, M. H., Leblanc, P., Carter, B. S., Kordower, J. H., Kim, K.–S. (2020). Human autologous iPSC–derived dopaminergic progenitors restore motor function in Parkinson's disease models. Journal of Clinical Investigation, 130(2), 904–920.

10 Park, T.–Y., Jeon, J., Lee, N., Kim, J., Song, B., Kim, J.–H., Lee, S.–K., Liu, D., Cha, Y., Kim, M., Leblanc, P., Herrington, T. M., Carter, B. S., Schweitzer, J. S., & Kim, K.–S. (2023). Co–transplantation of autologous Treg cells in a cell therapy for Parkinson's disease. Nature, 619(7970), 606–615.

10장 정신질환

1 서울아산병원 질환백과, "양극성 정동장애"

* 홍순정 외.(2011). 정신건강, 한국방송통신대학교출판원

* 건강보험심사평가원(2025), 2025년 생활 속 질병·진료행위 통계

찾아보기

ㄱ

ㄴ

ㄷ

ㄹ

신경과학으로 이해하는 뇌

뇌, 인간의 신비

저　자	김희진
발행인	김지영
발행처	자유아카데미
주　소	경기도 파주시 회동길 37-42 파주출판도시
전　화	031-955-1321
팩　스	031-955-1322
홈페이지	www.freeaca.com
전자우편	main@freeaca.com(대표) editor@freeaca.com(편집) crm@freeaca.com(영업)
등　록	제406-2003-017호, 1980. 7. 12
제1판1쇄	2026년 2월 20일 발행

ISBN 979-11-5808-809-5 93470